赵龙志 著

SiC泡沫/Al
双连续相复合材料

SiC_foam/Al
Co-continuous Composit

U0161218

化学工业出版社

·北京·

内 容 简 介

本书综合分析了复合材料的研究现状，详细论述了 SiC$_{泡沫}$/Al 双连续相复合材料制备工艺、泡沫增强体结构、界面改性优化对复合材料组织结构和力学性能的影响，揭示了双连续相复合材料的凝固结晶机制和独特的热物理性能，并采用与模拟实验相结合的方法，分析了双连续相复合材料压缩变形行为，建立了压缩本构方程。

本书适合作为材料科学与工程、机械工程等相关专业的研究生阅读材料，也可供高校科研院所研究人员、企业技术人员参考借鉴。

图书在版编目（CIP）数据

SiC$_{泡沫}$/Al 双连续相复合材料/赵龙志著. —北京：
化学工业出版社，2023.9（2024.7重印）
ISBN 978-7-122-43568-2

Ⅰ.①S… Ⅱ.①赵… Ⅲ.①碳化硅纤维-陶瓷复合
材料-研究 Ⅳ.①TQ174.75

中国国家版本馆 CIP 数据核字（2023）第 096234 号

责任编辑：韩庆利　　　　　　　　　　　　文字编辑：宋　旋　温潇潇
责任校对：宋　玮　　　　　　　　　　　　装帧设计：史利平

出版发行：化学工业出版社（北京市东城区青年湖南街 13 号　邮政编码 100011）
印　　装：北京科印技术咨询服务有限公司数码印刷分部
787mm×1092mm　1/16　印张 8¼　字数 200 千字　2024 年 7 月北京第 1 版第 2 次印刷

购书咨询：010-64518888　　　　　　　　售后服务：010-64518899
网　　址：http://www.cip.com.cn
凡购买本书，如有缺损质量问题，本社销售中心负责调换。

定　　价：79.00 元

前言

新材料已经成为 21 世纪人类发展的发动机， SiC/Al 双连续相复合材料因其独特连续拓扑结构，受到了研究人员的广泛关注。双连续相复合材料中，基体与增强相在三维空间上具有三维连通网络结构，各相能够充分发挥自身的优点，同时彼此又具有良好的协同性，宏观上双连续相复合材料展现出良好的各向同性。这种特殊的拓扑结构，使得它比传统颗粒、纤维复合材料具有更优异的性能。颗粒增强的复合材料性能受颗粒加入量的限制，纤维增强复合材料则具有各向异性，而双连续相复合材料不受物相成分的比例限制，能够实现材料性能的理想调控。

在 SiC/Al 双连续相复合材料中，低膨胀、高强度、高耐磨增强体不仅能够对基体金属起到良好的约束作用，限制了基体的塑性流动和膨胀，改善了高温下复合材料的服役行为；同时基体铝合金充分发挥了强韧化、高导热等优势，为复合材料的多功能化提供了广阔空间，使该类复合材料在高温耐磨制件领域、航天领域及热管理电子封装材料领域等有广泛的应用前景。

本书是在作者博士论文的基础上，结合研究团队对 $SiC_{泡沫}$/Al 双连续相复合材料系统的研究成果，借鉴近期国内外相关研究，综合分析了 $SiC_{泡沫}$/Al 双连续相复合材料的研究现状，详细论述了制备工艺、泡沫增强体结构、界面改性优化对复合材料组织结构和力学性能的影响，揭示了双连续相复合材料的凝固结晶机制和独特的热物理性能，并采用模拟实验相结合的方法，分析了双连续相复合材料压缩变形行为，建立了压缩本构方程。本书结构合理，有助于培养具有创新能力的高素质复合型人才；有助于推进双连续相复合材料在电子封装、摩擦制动领域的应用；有助于推动我国电子信息业、载运工具、轨道交通产业的快速发展。

本书由华东交通大学材料科学与工程学院赵龙志著，撰写过程中得到了很多教师和研究生的帮助。本书主要内容为作者在中国科学院金属研究所攻读博士学位期间完成，得到了张劲松老师的悉心指导和材料协同制备课题组的大力帮助，在此向他们表示衷心感谢。本书模拟实验研究得到了江西省教育厅和华东交通大学科研基金的资助，在研究过程中李娜、张小兰研究生作出重大贡献，在成稿出版过程中材料科学与工程学院载运工具先进材料与激光增材制造课题组教师提出了大量中肯的修改意见，同时程梓威、程亚特、关雨萌、江祥等多名研究生对本书的图表加工作了大量工作，在此向他们表示衷心感谢。

由于作者撰写水平有限，书中若存在不当之处，敬请读者批评指正。

作　者

目 录

第一章

绪论

1.1 复合材料的发展概况

材料是社会发展的基石，材料科学和技术的发展标志着人类文明的进步程度和社会生产力的发展水平。每一种新材料的发现和利用，都会使社会生产力和人类的生活发生巨大的变化。当前以信息、生命和材料三大科学为基础的世界规模的新技术革命风起云涌，它将人类的物质文明推向一个崭新的阶段。在新材料的研究、开发和应用方面，材料科学肩负着重要的历史使命。随着科学技术的发展，人类对材料的性能提出了更高的要求，传统的单一材料已不能满足社会发展的需要。为了满足零件日益严苛的工况条件，实现不同材料之间的性能互补，复合材料正式登上了材料科学的舞台，并逐渐发展成为材料科学领域中一门重要的分支学科。特别是进入 21 世纪后，复合材料的研究深度、复合材料的应用范围、复合材料的工业生产规模及复合材料的研发水平已成为衡量一个国家自然科学水平与工程应用技术发展程度的重要指标。

与传统的单一组元材料相比，复合材料是指由两种或两种以上不同相态的组分（或称组元）经过选择和人工复合，形成各相之间有明显界面的、具有特殊性能的材料[1-3]。复合材料不包括自然形成具有某些复合材料形态的天然物质。复合材料有以下特点：

① 复合材料是经过人工选择和设计的。可设计性主要体现在：增强体种类、复合界面改性设计、增强组元的空间结构设计。增强体的选择出于复合材料基体的本征物理化学性质，根据增强体与基体的相容性和强化作用机制，选择出合理性最高的增强体。界面改性是根据对异质材料界面间原子尺度上缺陷和增强体掺杂的调控程度进行设计，在不同材质的材料之间建立可靠连接的过渡界面层。复合材料内部的空间结构设计，主要涉及增强体分布、取向、连续性等物理特点，力图在基体微观或宏观尺度内实现诸多因素的协同耦合。

② 复合材料是经过人工设计制造而非天然形成的。

③ 组成复合材料的某些组分在复合后仍然保持其固有的物理和化学性质。

④ 复合材料的性能取决于各组分的性能的协同。复合材料具有新的、独特的和可用的性能，这种性能是单个组分材料性能所不及或不同的。复合材料一般具有比强度高、比模量高、疲劳强度高、断裂韧性好等优异性能。

⑤ 复合材料的各组分之间具有明显的界面。

⑥ 复合材料的出现和发展，是现代科学技术不断进步的结晶，是材料设计方法的飞跃，

它综合了各种材料如纤维、树脂、金属、陶瓷等的优点。复合材料的发展一般可分为两个阶段，即早期复合材料和现代复合材料。

早期复合材料的历史较长，20 世纪 40 年代以前都属于早期复合材料阶段[1]。中国古代发明的漆器是早期复合材料的代表，漆器以丝或麻为增强体，以漆为黏结剂，或以木材为胎，外表涂以漆层，制成各种日常用品。现代复合材料的发展只有 80 多年的历史，其主要特征是以合成材料为基体。1940 年，人类第一次用玻璃纤维增强不饱和聚酯树脂制造了军用飞机雷达罩。至 20 世纪六七十年代，玻璃纤维增强塑料（俗称玻璃钢）制品已经广泛应用于航空、机械、化学、体育用品和建筑行业中，其比强度高、耐腐蚀性能好，称为第一代现代复合材料。由于这类复合材料的比刚度、比模量和比强度不能满足尖端技术的要求，人们又相继开发出各种高性能纤维，包括碳纤维、碳化硅纤维、氧化铝纤维、硼纤维、芳纶纤维和高密度聚乙烯纤维等高性能增强体（表 1-1），制备出先进复合材料（Advanced Composite Materials，ACM）。这类先进复合材料比强度高，比刚度好，剪切强度和剪切模量高，称为第二代现代复合材料。

表 1-1　玻璃纤维和初期生产的硼纤维、碳纤维和芳纶纤维的性能[4]

纤维类型	拉伸强度/GPa	弹性模量/GPa	密度/(g/cm³)	备注
E-玻璃	3.4	72.1	2.54	—
S-玻璃	4.6	84.8	2.49	—
硼（钨芯）	2.8	411.9	2.60	—
碳（沥青）	2.0	343.3	1.60	UCC-50
碳（PAN）	1.8	411.9	1.95	摩根石（PAN-1）
芳纶	2.9	127.5	1.45	芳纶-49

20 世纪 70 年代以后发展的高强度和高模量耐热纤维增强金属基（特别是轻金属）复合材料，克服了树脂基复合材料耐热性能差和不导电、导热性能差等不足。金属基复合材料还具有耐疲劳、耐磨损、高阻尼、不吸潮、不放气和膨胀系数低等特点，属于理想的现代复合材料，已经广泛用于航天航空等领域。

1.2　金属基复合材料

1.2.1　金属基复合材料的应用状况

金属基复合材料因具有传统材料不可比拟的综合性能而受到重视，并得到了广泛的应用。与树脂基复合材料相比，金属基复合材料具有耐高温、不吸湿和抗老化等特性，能在更为恶劣的环境中应用[5]。

1.2.1.1　在汽车工业中的应用

日本比较注重金属基复合材料在汽车工业中的应用。丰田汽车公司采用 Al_2O_3 纤维和原位生成的陶瓷粒子增强的复合材料制造活塞，提高了抗黏着磨损性能，减轻了质量。1989 年本田汽车公司采用 Al_2O_3 纤维和碳纤维混杂增强的复合材料制造汽缸衬套，提高了汽缸的高速滑动磨损性能、高温使用性能和散热性能。1993 年又用 Al_2O_3 和石墨颗粒混杂增强的复合材料制造发动机汽缸，使汽缸的导热性、抗磨损性能和使用功率均有大幅度的提高。

美欧国家采用金属基复合材料制造汽车刹车盘，德国已经成功地用 SiC/Al 复合材料取代原来的铸钢制造刹车盘[6]。

1.2.1.2　在航空、航天工业中的应用

与日本等国相比，美国更重视金属基复合材料在航空、航天等领域的应用，特别是在军事方面。20 世纪 90 年代初，由美国空军材料制备实验室牵头，采用材料制备、检测评价和应用一体化的形式，制备出复合材料大铸锭，尽量降低复合材料的价格，开发出应用在航空、航天器件上的复合材料。这项研究使复合材料在哈勃太空望远镜的天线导波导杆、卫星上的电子封装、F-16 战斗机机腹尾翼和进油门、发动机部件等方面得到应用（表 1-2）。用金属基复合材料制作导弹控制尾翼、发射管和三脚架等零件，充分发挥了这种材料刚度好的特性。用 SiC/Al 复合材料取代碳纤维增强塑料作为空中客车的机身，能提高结构的抗冲击性能并降低价格[4]。

1.2.1.3　在电子封装中的应用

在信息技术领域中，集成电路的集成度不断提高，其散热问题已成为制约集成度提高的关键因素。因此，需要寻找具有高热导率的材料作为封装的基材，其热膨胀系数（CTE）还必须与电路硅片和绝缘陶瓷基板［CTE 为（3～7）×10^{-6}/℃］相匹配，否则因热失配而产生的应力会损坏电路。金属基复合材料具有综合的热物理性能，还可以进行柔性设计，在该领域具有广阔的应用前景[7]。目前美国已用真空压力浸渍法进行 SiC_p/Al 封装器件的小批量生产，国内也开始用无压浸渗法制备这类封装材料[5]。

表 1-2　美国战斗机使用复合材料的比例[3]

战斗机类型	F4	F15	F16	F18	AV-8b	F117	B-2	ATF
复合材料比例/%	0.8	2.0	2.5	10	26	42	38	59

1.2.2　金属基复合材料的发展现状

金属基复合材料是以金属合金为基体，以高强度的第二相为增强体而制得的复合材料，其性能取决于基体和增强体的特性、含量和分布等因素。通过优化组合能制备出既具有良好的导热导电等特性，又具有高比强度、高比模量、低膨胀、耐热、耐磨等高综合性能的复合材料。

金属基复合材料的研究始于 20 世纪 60 年代，其发展与现代科学技术和高新技术产业的发展密切相关，特别是航天、航空、电子、汽车及先进武器系统的发展。例如，航天技术和先进武器系统的迅速发展对轻质高强结构材料的需求十分强烈，大规模集成电路迅速发展的关键是使用热膨胀系数小、热导率高的电子封装材料。金属基复合材料的研究在美、日和欧洲已取得显著的成果[6]。

金属基复合材料的研究在我国虽然起步较晚，但近年来也成为高新技术新材料研究和开发的重要领域，取得了显著成就。由于成本和材料稳定性等原因，目前金属基复合材料在国内的应用还不多。

1.2.3　金属基复合材料的分类

按照复合材料中增强体的形态，金属基复合材料基本上可以分为四类，包括零维增强体（包括颗粒、短纤维、晶须和薄片）、一维增强体（长纤维）、二维增强体（叠层）和三维增

强体复合（连通微孔增强体和泡沫增强体）。所用的基体金属有 Al、Mg、Ti、Zn 等轻金属及其合金、高温合金及金属间化合物等[6]。

零维增强体主要以颗粒、短纤维、晶须等形式存在，增强颗粒主要有碳化硅、氧化铝、氧化锆、硼化钛、碳化钛和碳化硼等，增强短纤维经常使用氧化铝（含莫来石和硅酸铝）纤维，晶须类主要有碳化硅、氧化铝及最近开发出的硼酸铝、钛酸钾等，薄片主要包括矿产云母和玻璃鳞片等；一维增强体主要有碳及石墨纤维、碳化硅纤维（包括钨芯及碳芯化学气相沉积丝）和先驱体热解纤维、硼纤维（钨芯）、氧化铝纤维、不锈钢丝和钨丝等；二维增强体主要有单层纤维布、单层金属等；三维增强体包括氧化铝、氧化锆、碳化硅、氮化硅微孔陶瓷或泡沫陶瓷等。以上述各种基体和增强体虽可制备各种金属基复合材料，但是工业化规模应用却不多。目前，零维增强研究相对成熟（如颗粒增强），零维增强复合材料主要有以下三大技术问题需要解决[4]。

（1）增强相分布状态的控制

用液相法制备颗粒、短纤维或晶须增强的复合材料时，往往会因增强相与基体密度的不同而产生凝聚、上浮或下沉，难以均匀分布。这就需要改进处理方法，如采用粉料供应器均匀加入增强相材料，或采用超声波、机械搅拌或半固态铸造法等，使复合材料的制备成本大幅度增大。

（2）基体与增强体间的润湿性

采用液相浸渗法制取复合材料时，必须使基体与增强体间有良好的润湿性。其方法主要有：

① 提高制造温度。
② 往基体金属中加合金元素。
③ 对增强材料进行表面处理。
④ 提高液相复合压力。

（3）相容性

相容性指在制造和使用复合材料过程中，各组分间的相互配合性，关系到在高温下增强相与基体是否发生反应而消耗或能否保持原来的强度。相容性包括物理相容（指压力或热变化时，材料性能与材料常数间的关系）和化学相容（指各组分间的结合、化学反应等）两部分。物理相容中的力学相容主要指基体应该具有足够高的韧性与强度，能有效地将外部载荷传递到增强体上。物理相容中另一个重要问题是热相容，即两组分在热膨胀时能配合良好。这关系到制造时材料间的结合和应力状况，使用时的应力和界面脱粘等问题。化学相容比较复杂，涉及金属基体与增强相间的化学反应问题。在制造碳纤维增强铝合金时，需设法防止反应而消耗碳纤维。改善化学相容性的方法是对纤维进行表面涂层，如碳纤维涂上 TiC 层，不但可防止碳与铝反应，还能改善碳与铝液间的润湿性。

虽然零维增强金属基复合材料的应用技术已经成熟，但是受到材料的再生与回收、质量可靠性控制技术、材料制备成本及材料的二次加工等限制，该类复合材料应用主要集中在军事国防、航空航天等领域。

1.3 金属基双连续相复合材料

随着科学技术的发展，人们对材料性能的要求越来越高，不但要求材料具有一定的结构强度，还要求具有一定的功能性，这为多功能复合材料发展提供了契机。传统的复合材料，其增强体（如晶须、长纤维或无纬布等）一般孤立地分布于基体中，在三维空间上是不连续或不完全连续的，很难实现材料的多功能性。近来，金属基双连续相复合材料（Co-continuous Composites）引起了人们的广泛关注，其增强体在金属基体内按照三维网络结构连续分布，增强体和金属基体在三维空间均具有连通的网络结构，并彼此相互填充形成有机的整体，而且各自特性都得到保留。双连续相结构强化了增强体之间的连接效应，突破了传统颗粒增强、晶须增强复合材料的尺度局限性[5]，可以最大限度地发挥各组元的特性，为多功能复合材料发展提供了可能，将成为研究发展的重点。

1.3.1 金属基双连续相复合材料的特点

金属基双连续相复合材料具有其他复合材料没有的优异综合性能，近年来得到了飞速的发展。金属基双连续相复合材料的特点如下[3, 4]：

① 增强体和基体在三维空间上均保持三维连通结构，增强体在三维空间上连续并分布均匀，不存在团聚和偏聚缺陷。

② 金属基双连续相复合材料承载能力强，具有良好的强韧性。三维连通结构的增强体对金属基体的塑性流变有明显的约束作用，使材料具有比强度高、比刚度高、热膨胀低、导热性能好和韧性好等特性，有效缓解强度-韧性倒置关系带来的性能矛盾。

③ 复合材料的组织具有宏观均匀性，能在三维方向上阻碍裂纹的扩展。陶瓷增强金属基复合材料中的陶瓷增强体在失效前提供较高的刚度，而金属基体则具有较大的失效应变，对裂纹有偏转作用。

④ 可实现增强体三维拓扑结构与多尺度作用的空间耦合，实现微观与宏观、结构和功能的有机结合，产生特有的多组元-多因素协同耦合效应，可以充分发挥各组元特性，使复合材料物理化学性能显著提升，有利于实现材料多功能化。

1.3.2 金属基双连续相复合材料的研究进展

随着信息产业的发展和航空航天的需要，人们渴望一种同时兼有多种功能的材料，即多功能材料。其中最为典型的是电子封装基片材料，它不仅要具有高的热导率，还要具有低的热膨胀系数。一般材料很难具备多功能性，而金属基双连续相复合材料却有这种可能。

人们对金属基双连续相复合材料的研究比较晚，1992 年美国学者 D. R. Clarke 正式提出了双连续相复合材料的概念，就引起了人们浓厚的兴趣。保持复合材料中各相的连续性比较困难，因此双连续性复合材料的制备是该领域研究的关键。起初，美国麻省理工学院、Lanxide 公司和纽约州立大学的研究人员为了提高作为结构材料的陶瓷基复合材料的韧性，用真空浸渗法和反应浸渗法制备出金属/微孔陶瓷和金属间化合物双连续相复合材料。该材料不用进行二次加工就可直接应用，其弯曲强度、断裂韧性、弹性模量和硬度都比普通弥散增强复合材料的高，膨胀系数低，但是该方法所需时间长，生产效率低，生产成本高，对原料的要求苛刻。随着人们研究的深入，人们开发了许多新的工艺用于制备双连续相复合材料，如无压烧结、热压烧结和挤压铸造等，这些工艺提高了材料生产效率，降低了制备成本。21 世纪初，双连续相复合材料的制备工艺比较成熟了，但是其中两相的性能差异很大，复合材料中存在残余应力，这种残余应力可能破坏材料中各相的连续性，降低了复合材料的稳定性，双连续相复合材料的可靠性还不能得到精确控制。

在多功能金属基双连续相复合材料的研究中，人们研究最多的是 SiC/Al 双连续相复合材料。由于高模量 SiC 增强体和铝合金基体都保持三维连续性，复合材料将具有优良的综合热物理性能，可以用来制作微电子封装的封装基片和大功率微波器件的热沉等。Lanxide 公司、麻省理工学院的 D. K. Balch 及日本的 K. Tanihata 分别用无压浸渗法、气压浸渗法和挤压铸造法制备 SiC/Al 双连续相电子封装用复合材料。复合材料所用的增强体是微孔多孔陶瓷。多孔陶瓷的制备工艺比较复杂，开孔率不易控制，难于保持增强体的三维连通性，使复合材料的质量不易控制。复合材料的金属基体与增强体热物理性能的差异，使得脆性陶瓷增强体中出现微裂纹，界面处出现脱粘，大大降低了复合材料的导热性能，限制了复合材料的应用，同时，微孔多孔陶瓷增强体的制备成本比较高，也成为复合材料应用的瓶颈[6]。

国内对金属基双连续相复合材料的研究始于 1995 年，北京钢铁研究总院的 G. W. Han 等首先采用反应浸渗法制备了 Al$_2$O$_3$/Al 双连续相复合材料。上海交通大学金属基复合材料重点实验室的张荻、吴人洁和张国定等利用自蔓延方法制备出多孔陶瓷增强体，运用真空气压浸渗和挤压铸造法复合出双连续相复合材料，并对其进行了系统的研究。研究发现，双连续相复合材料中存在残余应力，使材料的热膨胀行为出现滞后现象。西北工业大学的 J. K. Yu 利用真空气压浸渗技术制备出微孔 SiC 陶瓷增强铝基双连续相复合材料，其性能满足了电子封装的要求，达到国际水平。

随着航空航天工业的发展，金属基双连续相复合材料的阻尼减振性能和摩擦磨损性能引起了人们的关注[6]。上海交通大学的谢贤清等以具有木材结构的生态陶瓷为增强体，运用气压浸渗法制备了铝合金基双连续相复合材料。这种复合材料不仅具有良好的力学性能，还具有优异的阻尼性能和磨损性能，磨损时陶瓷相承受部分载荷，磨损表面形成了一层致密的陶瓷金属均匀混合的机械混合层，磨粒磨损和黏着磨损同时起作用。

综上所述，双连续相金属基复合材料具有传统复合材料不具有的多功能性，展示出诱人的应用前景，但是其制备成本高，严重制约着材料的实际应用。当前金属基双连续相复合材料的研究主要集中在陶瓷增强金属基双连续相复合材料，研究焦点主要如下：一方面改善陶瓷增强体的制备方法，简化材料的复合过程，降低复合材料的制备成本，提高材料的生产效率；另一方面对双连续相复合材料体系进行基本理论研究，发现新现象，总结新规律，摸索出一套表征检测方法。

1.3.3 金属基双连续相复合材料的潜在应用

由于双连续相金属基复合材料的增强体与基体均保持三维连通网络结构，各相性能能够充分发挥，且各相之间具有独特的约束作用，这使该复合材料具有高强度、高硬度、高耐磨性、高热导率和低热膨胀系数等综合优异性能，在航空航天、电子、汽车、机械等工业领域有广泛的应用前景[5]：

① 双连续相复合材料的增强相不同于传统的离散分布方式，其独特的三维连续结构使增强相与基体间彼此约束，增强相的三维骨架结构使其能较好地承受载荷，并且当温度升高时，能约束基体的塑性变形，从而使材料的高温摩擦性能提高，因此，这种复合材料作为可作为高速制动件的首选，如高速列车、舰船、军用车辆等的耐磨元器件、传动和制动元件等。

② 双连续相复合材料具有低热膨胀系数和高热导率等优点，使其有望取代 Kovar 合金和 W-Cu、Mo-Cu 等电子封装材料，从而满足日益增长的航空航天、光电器件的需求。在电

子产品中，可作为电子封装基片、微波元件的热沉。

③ 在航空航天、卫星和空间领域，尺寸稳定性好的产品或零部件。

④ 其他功能或结构材料，如电学材料、光学材料及运动器械等。

1.3.4　多孔陶瓷增强体预制件的制备

多孔陶瓷预制体作为陶瓷增强金属基双连续相复合材料中的陶瓷增强体，其综合性能是决定复合材料整体性能的关键。多孔陶瓷的一般定义是指经过高温烧结后，内部形成了大量互相贯通的开孔、半开孔或者独立闭合的中空孔洞的陶瓷材料，其基本要求是实现孔隙结构与大小可控，在构建所需的孔隙密度与孔隙结构的同时保持一定的力学性能[5]。多孔陶瓷具有陶瓷材料的典型特点，包括低密度、高硬度、耐高温氧化、耐摩擦磨损、耐化学腐蚀、抗热震性好、易于再生等优点，与其他材质的多孔材料（有机多孔滤膜、玻璃纤维滤布等）相比，安全性与可靠性更高，也更加环保。自 19 世纪 70 年代问世至今，各种类型的多孔陶瓷被广泛应用于冶金、环保、化工、能源、生物、食品、医药等领域。多孔陶瓷最常见的用途就是作为过滤材料应用于高温、高压、强腐蚀等恶劣工况条件下的气固分离或固液分离，包括工厂的高温烟尘过滤、高温金属熔体的杂质过滤等，也可以作为滤芯在通常条件下用于水资源的过滤净化，临床医学上可以将多孔陶瓷用于病毒和细菌等微生物的过滤。此外，利用多孔结构具有高比表面积的特点，多孔陶瓷作为一种优异的催化剂载体可用于制造燃料电池的多孔电极或各类敏感元件，也可以作为一种具有生物亲和特性的结构材料，用于制备人造骨骼等[6]。

总之，多孔陶瓷因其优异的性能特点与广泛的使用范围，在世界范围内引起了材料科学工作者的广泛关注[5]。根据分类依据不同，多孔陶瓷有多种分类标准，常见的分类标准包括按材质分类、按孔径特点分类和按孔隙之间的结构关系分类。其中最常见的分类方法就是按材质分类，常用于制造多孔陶瓷的材料有 SiC、Al_2O_3、ZrO_2、$CaCO_3$、各类硅酸盐与钛酸盐等。按孔径分类可进一步划分为按照孔径尺寸分类与按照孔径形貌分类。以前者为标准，平均孔径小于 2nm 为微孔陶瓷（$D<2$nm）、平均孔径介于 2nm 与 50nm 之间为介孔陶瓷（2nm$<D<50$nm），平均孔径大于 50nm 为宏孔陶瓷（$D>50$nm）。按照孔径形貌，多孔陶瓷可划分为颗粒陶瓷、泡沫陶瓷与蜂窝陶瓷三种。按孔隙之间的结构关系可将多孔陶瓷分为开孔、闭孔与半闭孔三大类，开孔即是指材料内部孔隙与孔隙之间相互连通，形成贯通孔道；闭孔意为孔隙独立分布在连续的陶瓷基体内部，孔隙与孔隙之间相互分离，形成中空封闭孔洞；半闭孔则介于开孔与闭孔之间，孔隙一端开口、另一端闭口，形成了一种特殊的半闭合结构，三种结构与孔隙尺寸的关系如图 1-1 所示。

（1）粉末烧结法

此方法利用陶瓷颗粒自身具有的烧结性能，将陶瓷颗粒堆积在一起形成多孔陶瓷。先用压力机将预制件骨架的颗粒挤压成型，然后将其放入适当温度的烧结炉内烧结。烧结法简单易行，成本低，但压实程度和孔隙尺寸分布不易控制。

（2）造孔剂法

该方法是向浆料中添加造孔剂进行空间占据，经过挤压或者冷冻方法固化，最后通过挥发或者受热分解的途径排出造孔剂形成多孔隙结构。采用造孔剂法制备的多孔陶瓷具有气孔率高、力学性能良好等特点，但容易产生气孔分布不够均匀的缺陷。该工艺的关键在于造孔剂种类和用量的选择，关于造孔剂的选择，基本要求是易于通过加热手段排除。根据造孔剂

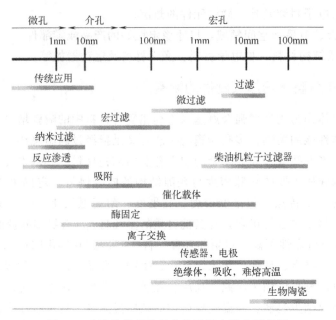

图 1-1　多孔陶瓷的孔径分类及相应的典型应用

种类、形貌大小和加入量的不同，获得的多孔陶瓷将具有不同的孔隙结构。

造孔剂种类按照物质不同可以大致划分为无机和有机两类。无机造孔剂包括：$(NH_4)_2CO_3$、$CaCO_3$、NH_4Cl 等各种在高温下可分解的盐类；各种颗粒度的 C 粉；去离子水；Ni 金属等。有机造孔剂包括：人工合成有机化合物如有机纤维、高分子聚合物、有机酸、玻璃粉等；天然有机化合物如天然纤维、土豆淀粉、木屑等。可以利用造孔剂法制成的多孔陶瓷主要有羟基磷灰石、莫来石、α-Al_2O_3、ZrO_2、SiC 等。在成型工艺上，根据采用的造孔剂类型不同，成型工艺也会有所不同。采用固态造孔剂时一般会采用压铸工艺成型，使用热分解或者化学反应排出造孔剂，形成孔隙结构。采用液体如蒸馏水作为造孔剂时，一般采用冻铸工艺成型，利用升华手段排出造孔剂，得到多孔结构。

对于陶瓷增强金属双连续相复合材料而言，使用造孔剂法制备多孔陶瓷预制体时必须选择合适的造孔剂，固体造孔剂的颗粒尺寸不应过大，以免造孔剂之间接触面过少，产生闭孔。颗粒尺寸较小的粉末造孔剂或液态造孔剂比较适合用于制备开孔类型的多孔陶瓷预制体。

（3）发泡法

发泡工艺发明于 20 世纪 70 年代，在陶瓷中加入发泡剂，然后加热使发泡剂分解挥发，从而得到多孔预制件。发泡法的主要添加剂为发泡剂、固化剂与表面活性剂，其中发泡剂作为关键添加剂，必须具有发泡能力强、单位体积发泡量大、发泡稳定可长时间不消泡、与陶瓷浆料相容性好、不会发生其他物理化学反应等特点。发泡剂按照种类划分可分为有机发泡剂与无机发泡剂两种。有机发泡剂以偶氮化合物、磺酰肼类化合物或亚硝基化合物为主；无机发泡剂一般为碳酸盐、硅酸盐或氟碳化合物，可采用碳酸钙、氢氧化钙、硫酸铝和双氧水等发泡剂制备多孔陶瓷。采用发泡工艺制备多孔陶瓷的流程中，可以通过调整表面活性剂的添加时机控制发泡量，通过启动剂与催化剂控制固化反应过程，进而控制多孔陶瓷的孔隙结构。另外，发泡过程中外界环境因素如温度、湿度、气压、是否有保护气氛等也是影响孔隙结构的重要因素。

通过采用不同的发泡剂、固化剂与表面活性剂的组合，可以制备出微观形貌上与造孔剂法或者有机泡沫浸渍法类似，孔径大小与孔隙密度均可调，且力学性能更高的多孔陶瓷。发泡法对孔隙结构的调控是基于对添加剂的精准控制，工艺复杂，影响条件众多，调控难度较高，不利于大规模工业生产。特别是用于制备双连续相复合材料中的多孔陶瓷预制体时，必须使浆料中产生足够的发泡量，以确保得到具有贯通孔隙结构的多孔陶瓷。

（4）烧蚀法

用粉体浇注的方法在多孔聚合物内浇注一层陶瓷，干燥后放入氧化炉中加热，将聚合物烧蚀掉，得到形貌与聚合物对应的多孔陶瓷预制件。此方法适合大批量生产，但预制件的强度不易控制，在金属浸渍过程中易发生坍塌。

（5）腐蚀法

在 Spinodal 分解（又称亚稳分域，调幅分解）的基础上，腐蚀掉其中一相，制成多孔预制件。在石英玻璃材料中，Spinodal 分解产生富 SiO_2 相和富 B 的 SiO_2 相，后者在腐蚀过程中被腐蚀掉。该方法适于制备孔径 $1\sim100nm$ 的多孔材料。

（6）溶胶-凝胶法

该方法是以金属烷氧化物、醇盐或酯类化合物等为前驱体，利用水解与缩醇化反应对前驱体进行稠化，形成中等黏度、高离散度的多相溶胶体系，之后利用缩聚反应对溶胶进行沉淀形成半固态凝胶制品，最后经过高温处理排出多余的有机物并进一步固化形成孔隙结构。溶胶-凝胶法具有工艺流程短、工艺技术成熟、孔径大小可调、气孔分布均匀等优点，适合用于制备纳米级微孔陶瓷材料，制备出的预制件孔径分布窄，孔隙率大，表面积大。但该方法缺陷也很明显，首先该方法的使用受到先决条件限制，先驱体组元体系仅限于能够发生水解-缩聚反应的体系，故能够制备的陶瓷材质种类有限。其次，溶胶-凝胶法的生产成本较高，所适应的先驱体原料一般价格均比较昂贵，且先驱体组分中包括一些毒性较大的有机物，危害工人健康，生产所需的安全标准较高，生产设备价格昂贵，后续处理不善容易污染环境。最后，溶胶-凝胶法的工艺流程耗时较长，完成整个反应流程常需要几天或几周时间，影响生产效率。因此，传统意义上的溶胶-凝胶法的工业应用一直受到限制。

（7）泡沫前体反应法

先将热固性有机泡沫热解，制得网状碳质骨架，然后通过化学气相沉积（或化学气相渗透）法进行原位反应，形成多孔陶瓷。该方法的关键环节在于多孔结构骨架的制备和后续骨架处理。

（8）有机泡沫浸渍法

有机泡沫浸渍法（又叫泡沫塑料浸渍工艺）在 1963 年获得专利，该方法是将预先调配好的陶瓷浆料均匀地涂覆在具有三维网络骨架结构的有机泡沫骨架表面，经过初步的干燥固化后再在高温下进行烧结硬化，同时将泡沫骨架利用烧蚀手段排出。该方法具有工艺简单、操作方便、成本低廉、生产效率高等特点，常用来制备开孔三维网络多孔陶瓷，制备出的产品孔隙率大，孔隙率区间为 $40\%\sim90\%$，是目前工业生产中应用最广泛的一种多孔陶瓷制备方法，是一种经济实用且具有广阔发展前景的多孔陶瓷制备工艺。

采用有机泡沫浸渍工艺制备的多孔陶瓷具有孔隙结构可控、孔隙率与开孔率较高、孔隙直径大等优点，但是在力学强度上要低于使用其他方法制备的多孔陶瓷，主要原因在于泡沫骨架在烧蚀后通常会在陶瓷结构筋内部留下中空缺陷，降低了陶瓷的整体强度，如图 1-2 所示。

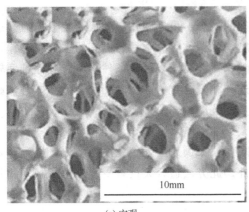
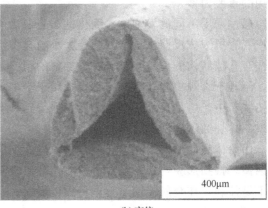

(a) 宏观   (b) 高倍

图 1-2　有机泡沫复制法制备的多孔陶瓷 SEM 图像

（9）自蔓延反应合成法

自蔓延反应合成法是制备多孔材料的一种新型方法，目前还不够成熟。该方法可用于制备多孔陶瓷材料和金属间化合物，合成的产物有硼化物、碳化物和氮化物等。

1.3.5　金属基双连续相复合材料的制备

一般情况下，根据材料复合时金属基体的不同状态，可将金属基复合材料的制备方法划分为固态法与液态法两大类。其中，固态法常见于制备颗粒或纤维增强的金属基复合材料，难于获得双连续相复合材料，如粉末冶金就是一种典型的固态法；液态法包括搅拌铸造、原位生成、液态浸渗等。与固态法相比，液态法具有生产成本低、生产效率高、工艺简单等优点，而且可以充分利用液态相的流动实现多孔结构的填充，有利于形成双连续相结构。因此，液态法是金属基双连续相复合材料的工业化生产中应用最广泛的方法。根据材料复合过程中成型压力条件和反应情况，液态法可以分成以下几种方法[3]。

（1）原位法

在原位法中，复合材料组成相的部分或全部在浸渍过程中由液态基体与增强相发生原位反应或自身分解生成。这个方法的特点是反应生成相与复合材料中其他相的相容性好，界面结合优异。原位法包括以下几种。

① 金属直接氧化法。首先由 Lanxide 公司提出，这个方法通过直接对熔体金属氧化，从而获得金属基双连续相复合材料。首先将 Al_2O_3 预制件放在熔融金属（如铝）的上面，用氧气使金属氧化。氧化的结果是在预制件中生成致密的陶瓷/金属复合材料。一般地，只要将 Al 置于氧化性气氛中，表面就会生成一层致密的氧化铝薄膜，阻碍金属铝的进一步氧化。在该工艺中（图 1-3），熔体的温度为 900～1300℃，远高于 Al 的熔点 660℃，氧化膜会破裂，而且合金元素 Mg 和 Si 的加入提高了反应速度，并使氧化反应继续进行。

② 置换法。预制件与熔融金属在浸渍过程中发生置换反应，生成陶瓷/金属复合材料。人们用熔融锆金属浸渍碳化硼，使锆与碳化硼反应生成碳化锆和硼化锆，从而生成 ZrC 增强并含有剩余金属锆的 ZrB 复合材料。调整金属与 BC 的比例，可以制备出一系列锆金属含量不同的复合材料。

③ 分解法。一些能够进行 Spinodal 分解的物质，如石英玻璃，分解形成具有网状结构

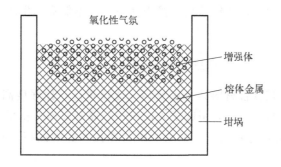

图 1-3 Lanxide 公司双连续相复合材料制备示意图

的含有晶界陶瓷相的复合材料。由于对材料有特殊的要求，此方法只适合于制备精细网状结构的复合材料。

（2）挤压铸造法

用压力机加压将液态金属强行压入预制件中，使其在压力下凝固，制成复合材料。用此法能批量高效生产复合材料，现已成为生产金属基双连续相复合材料的主要方法，但它要求预制件具有一定的机械强度，能够承受复合时施加的压力，以免在液态金属压渗过程中预制件变形垮塌。上海交通大学的沈彬等曾以用自蔓延方法制备的 Al_2O_3-TiC 多孔体为预制件，在 70MPa 的压力下浇注 2024 铝合金并挤压成型，制备出复合材料[10]。中国科学院金属研究所张劲松课题组采用挤压铸造法分别制备了铝基、铜基和铁基双连续相复合材料，并成功进行了工业应用[11]。

（3）浸渍法

① 无压浸渍法。无压浸渍法是指通过对金属基体与多孔陶瓷预制体之间的润湿性进行改善，使金属熔体在重力作用下可以克服陶瓷孔壁摩擦力、毛细管张力等阻力，最终在无其他外力作用下自发渗入多孔陶瓷空隙中。由 Lanxide 公司研制开发，称为 PRIMEX™ 方法。其特点是在浸渍过程中不需要外加压力，在预制件孔隙毛细管力的作用下，熔融金属自发地浸入预制件中。这种方法受到合金成分、浸渍温度、浸渍时间和气氛的影响，制备出的复合材料具有良好的界面，材料的形状可以随意设计。该方法的无压浸渗法的前提条件比较苛刻，一般需要高温环境，并且需要针对金属与陶瓷之间的润湿性进行改善，整个浸渗过程需要持续几小时至几十小时不等。该方法工艺难度高、设备复杂、生产流程长、生产效率低、成本高、环境友好程度低，不适合大规模生产。

② 真空压力浸渍法。真空压力浸渍法是指使用高压惰性气体将液体金属压入抽成真空的预制件中，在内外压力差的作用下液体金属凝固生成复合材料。用该方法制备的复合材料组织致密，是一种适合于批量生产、易于控制、适用性广的方法。

（4）溶胶-凝胶法

用该种方法可以获得微孔网络双连续相复合材料。用这种方法制备的复合材料一般可用二元合金组元得到，如锌-铜合金，金-银合金等。

（5）自蔓延法

该法常用来合成多孔材料，当金属反应物过量到一定程度时，就可以得到三维连通双连续相复合材料。用该方法制备复合材料时，难于控制反应稀释剂的含量，不利于制备出以所需金属为基体的复合材料。

在以上的几种方法中，挤压铸造法有操作简单、成本低廉和生产效率高等优点，是人们首选的方法。

1.3.6 金属基双连续相复合材料的性能

由于金属基双连续相复合材料具有重量轻、比模量高、比强度高、耐磨损、抗疲劳性、抗热震性、低热膨胀系数等特点，引起了人们对于金属基双连续相复合材料的兴趣。特别是对陶瓷-金属双连续相复合材料而言，金属基体与多孔陶瓷增强相之间的力学行为一直是人们关注的焦点。

（1）力学性能

金属基双连续相复合材料的性能既取决于各组元的性能和结构，又会受到界面特性等因素的影响。纤维增强复合材料具有各向异性，与纤维平行的方向上强度和韧性都很高，但在垂直于纤维方向的性能却很差。双连续相复合材料与它不同，在复合材料中每一种组元各方向上连续分布、互相缠绕，在宏观上能表现出特殊的拓扑均匀性，各相在三维空间的相互约束可以最大限度地阻止复合材料裂纹的扩展。双连续相复合材料微观组织的本质特征，表现为多孔结构的孔径尺寸变化、筋的粗细、增强体体积分数，其中增强体的体积分数是由多孔孔径和筋粗细共同决定，降低孔径，增加筋的横向尺寸，可以有效提高增强体体积分数，进而提高双连续相复合材料中各相的约束效果，提升复合材料的比强度。

（2）热学性能

金属基双连续相复合材料保留了金属基体良好的导热性，而且通过改变碳化硅的体积分数或排列方式等条件，可以设计材料相关的热力学参数（热膨胀系数、热导率等），这对材料在电子元器件封装方面的应用具有重要意义。在金属基双连续相复合材料中，由于增强体和金属基体的热膨胀系数不相同，材料会因温度的变化而产生残余热应力，而复合材料增强体独特的三维连通网络结构可以提高材料的热物理性能。

（3）摩擦磨损性能

金属基双连续相复合材料中，增强体独特的网络结构，不但会约束金属基体塑性变形，而且可以减少外界物体与金属基体的接触，从而降低材料发生黏着磨损的可能性，所以，金属基双连续相复合材料具有非常良好的摩擦学性能[23]。在干摩擦条件下，随着滑动速度的增加，三维连续网络 Al_2O_3/Al 复合材料的摩擦系数会下降；随着增强体体积分数的增加，磨损率和摩擦系数会降低。增强体的体积分数会使摩擦系数增大，但可以保持较低水平的磨损率。

1.4 铝基双连续相复合材料

金属基复合材料由于具有高比强度、高比模量、耐高温、耐磨损及热膨胀系数小、尺寸稳定性好等优异的物理性能和力学性能得到了令人瞩目的发展，成为各国高新技术研究开发的重点。铝基复合材料由于具有高比强度和比刚度、疲劳性能好、尺寸稳定性好等综合优异性能，已成为金属基复合材料中最常用的、最重要的材料之一。由于铝合金是传统的轻质材料，随着汽车轻量化进程的不断推进和科学技术的日益进步，在汽车工业中采用铝基复合材料的要求越来越强烈，这就为铝基复合材料的发展提供了广阔的舞台。

随着信息产业的发展和航空航天的需要，人们期望一种同时兼有多种功能的材料，即多功能材料。其中最为典型的是电子封装基片材料，它不仅要具有高的热导率，还要具有低的热膨胀系数。传统的单一材料和弥散增强的复合材料很难具备多功能性，而双连续相复合材料却有这种可能，因此铝基双连续相复合材料受到了人们的广泛关注。

　　铝基双连续相复合材料具有广阔的发展前景和潜在的优势，但是制备成本成为其应用发展的瓶颈。目前，双连续相复合材料中的陶瓷相为微孔陶瓷，孔的尺寸为微米级。这类多孔陶瓷预制体的制备工艺复杂，成本高，而且对复合材料的后续复合工艺有严格的限制。因此，用微孔陶瓷作为铝基双连续相复合材料的增强体，大大提高了制备成本，阻碍了双连续相复合材料的发展。另外，目前关于铝基连续相复合材料的研究主要集中在通过对预制体框架调控（孔隙结构、孔壁厚度、孔隙率等），或者对基体合金组分进行调整，深度上仍有所欠缺。特别是对复合材料的界面调控、金属熔体在孔隙内部凝固过程、复合材料变形机制等方面的基础问题的认识，还需要深入研究。因此，有必要进一步拓展增强体的选择性，优化复合材料制备工艺，探索复合材料的强化机制，解决长期以来困扰人们的高成本和低可靠性问题，为铝基双连续相复合材料的工业应用提供可能。

第二章

SiC泡沫/Al双连续相复合材料的制备

SiC泡沫陶瓷增强铝基复合材料制备的常用方法为液相浸渍法，该方法是把液态金属浸渗到预制件中凝固形成复合材料的一种方法，其中挤压铸造法，由于操作简单，对设备要求较低，成本低廉，产品质量稳定，受到人们的广泛青睐。

2.1 SiC 泡沫陶瓷增强体的制备

运用改进的有机先驱体浸渍法制备 SiC 泡沫增强体，以聚氨酯泡沫塑料为骨架，用碳化硅、硅粉和高分子材料为原料制备成浆料，并在先驱体热解后进行反应烧结，制备出高强度的 SiC 泡沫陶瓷。该方法制备的 SiC 泡沫陶瓷致密度大、强度高、体积分数和陶瓷尺寸易于控制、抗热震性能好，并且制备成本较低，易于操作，适合大规模制作。

（1）原料

实验用原料：有机泡沫先驱体（洛阳泡沫厂生产），碳化硅（颗粒，尺寸为 $1\sim20\mu m$，化学纯，郑州黄河砂轮厂生产），正硅酸乙酯（液体，化学纯，沈阳试剂厂生产），硅（固体颗粒，化学纯，沈阳试剂厂生产），乙醇、盐酸和醋酸均为化学纯。

（2）制备流程

制备 SiC 泡沫陶瓷增强体的工艺流程如图 2-1 所示，将蒸馏水、乙醇、盐酸和醋酸按一定的体积比均匀混合，在不断搅拌的条件下缓慢加入正硅酸乙酯，将得到的溶液在室温下放置 24h，使其水解。在水解后的溶液中加入碳化硅和高分子材料，搅拌均匀后得到浆料。然后将聚氨酯泡沫塑料在上述浆料中多次浸渍挂浆，直至得到所需要的挂载量。最后对浸挂后的泡沫塑料进行烘干、固化、热解和烧结处理，其中 700℃ Ar 保护热解 1h、1700℃真空反应烧结 1h，得到 SiC 泡沫陶瓷增强体。

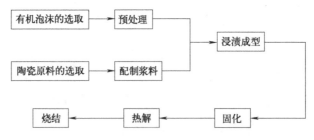

图 2-1　SiC 泡沫陶瓷增强体制备工艺流程图

2.2　SiC泡沫陶瓷增强体的形貌和成分

（1）SiC泡沫陶瓷增强体的宏观形貌

图2-2是SiC泡沫陶瓷的宏观形貌，泡沫陶瓷由泡沫孔和连通的筋组成，泡沫孔的孔径约为2mm，筋的横截面直径为0.2mm，陶瓷骨架的体积分数为20%。泡沫陶瓷的网孔均匀分布，具有良好的三维连通性。泡沫筋使泡沫陶瓷具有较高的强度，能承受后续复合工艺外加的挤压力。图2-2（b）是SiC泡沫陶瓷增强体横截面形貌，可以看出所有的泡沫孔都是开孔，陶瓷内不存在堵塞的盲孔，保证了复合材料的三维连通性，为铝基双连续相复合材料提供了理想的增强体。

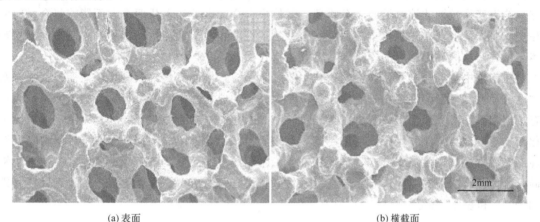

(a) 表面　　　　　　　　　　　　　　　　　(b) 横截面

图 2-2　SiC泡沫陶瓷的宏观形貌

（2）SiC泡沫陶瓷增强体的成分

SiC泡沫陶瓷增强体主要由SiC和Si两种物质组成（图2-3），Si主要是在泡沫陶瓷反应烧结过程中残留下来的。SiC是共价键性极强的化合物（共价键成分占88%），在高温下仍能保持很高的键合强度。SiC的这种价键结构特点决定了它具有一系列优良性能，如高强度、耐高温、抗氧化、高热导率、低热膨胀率、优良的抗热震性和良好的化学稳定性等。SiC分为α-SiC和β-SiC两种晶型，α-SiC是高温稳定型晶体，β-SiC在2100℃向α-SiC转变。

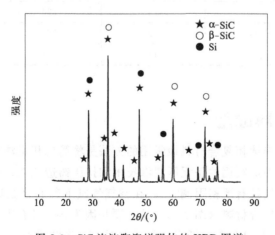

图 2-3　SiC泡沫陶瓷增强体的 XRD 图谱

α-SiC 具有密排六方晶体结构（$a=3.0817$，$c=5.0394$），β-SiC 属于面心立方晶体（$a=4.349$）。实验用 SiC 的主要成分为 α-SiC，来源于制备陶瓷浆料中的原料 α-SiC 颗粒，而含量相对较少的 β-SiC 是泡沫陶瓷原位反应烧结生成的。在烧结过程中，β-SiC 与 α-SiC 烧结成高强度的致密碳化硅。反应烧结工艺的特点决定了制备出的 SiC 泡沫陶瓷中还含有少量的单质 Si。游离单质硅的存在降低了 SiC 泡沫陶瓷的使用温度（低于 1380℃），使脆性增大。游离态硅一般以膜的形式存在于泡沫筋的表面，不利于材料的复合。

2.3 基体材料选择

金属合金的品种很多，基体合金成分的选择对于能否充分发挥基体和增强体的性能特点，能否获得预期的综合性能十分重要。基体中合金元素的加入从两个方面影响复合材料的性能，一方面表现在对基体本身性能（包括物理性能和力学性能）的影响；另一方面是对基体与增强体之间界面结合的影响，后者起主要作用。

在铝液中加入合金元素，会与氧化铝膜发生反应，促使氧化铝膜破裂，从而提高液态基体的流动性和界面的润湿性，有助于提高复合材料的成型性能和服役行为。合金元素加入液态金属中，参与界面反应，降低固/液界面能，在界面上形成稳定化合物，其稳定性依赖于化合物的生成自由能。生成自由能越高，稳定性越高。添加合金元素是提高金属/陶瓷润湿性的有效方法，在生产中有广泛的应用前景，常用的添加元素为 Si、Mg 等。实验中采用铝硅合金为复合材料的基体，该类合金流动性好，易于铸造成型，其化学成分和物理性能分别如表 2-1 和表 2-2 所示。

表 2-1 纯铝、ZL109 和 390 的化学成分   单位：%

合金牌号	Si	Cu	Ni	Mg	Al
纯铝					其余
ZL109	10.0～13.0	0.5～1.5	0.5～1.5	0.8～1.5	余量
390	16.0～18.0	4.0～5.0		0.45～0.65	余量

表 2-2 复合材料基体合金的物理性能

合金牌号	$\rho/(\times10^3\mathrm{kg/m^3})$	$\alpha/(\times10^{-6}/℃)$	$\lambda/[\mathrm{W/(m\cdot K)}]$	$C_p/[\mathrm{J/(kg\cdot ℃)}]$
纯铝	2.70	24	220	—
ZL109	2.68	19	117.2	963
390	2.73	18	134	—

2.4 复合材料成型

一般地说，制备双连续相复合材料最常用的方法是将第二相浸渗到具有开孔三维连通网络结构的预制体中，其中最实用的是无压浸渗技术和挤压铸造工艺。但是无压浸渗技术对合金基体的成分和熔体的气氛有严格限制[12]，在空气气氛下普通合金熔体很难浸渗到 SiC 泡沫陶瓷中形成双连续相复合材料（图 2-4）。这主要是因为 SiC 具有很强的共价键结合，铝液对其的润湿较差[13]。一般铝合金不可能在常压下对 SiC 泡沫进行自然浸渗，因此实验采用

(a) 4min　　　　　　　　　　　　　　　(b) 10min

图 2-4　在铝液中浸泡不同时间后的 SiC 泡沫

挤压铸造法使铝合金与增强体之间产生强制润湿，从而实现材料复合。

　　采用挤压铸造法制备 SiC$_{泡沫}$/Al 双连续相复合材料，挤压铸造所用的设备和复合流程如图 2-5 和图 2-6 所示。材料复合前需要对 SiC 泡沫进行预处理，首先用自来水对 SiC 泡沫进行超声波粗洗（参数设置：温度为 25℃，时间为 10min，功率为 100%，以下各章未另加说明，均采用此设置），接着用无水乙醇将三维网络 SiC 骨架超声精洗 15min，然后用去离子水超声清洗 10min，再放入 100℃的烘箱中保温 5h，取出后放入干燥器中备用。SiC 泡沫骨架与基体铝合金的复合在 YH32-315A 型四柱液压机上进行，压机的公称压力为 3150kN。将 SiC 陶瓷骨架和模具预热至设定温度，同时基体合金在功率为 5kW 的小型电阻炉的坩埚中熔炼。待合金熔化并达到浇注温度时，保温 5min，然后将 SiC 泡沫骨架迅速放入模具中，浇入铝合金熔液，最后合模加压，使合金熔体浸渗入泡沫骨架的孔隙中，并在压力下凝固成型形成复合材料，最后脱模冷却。

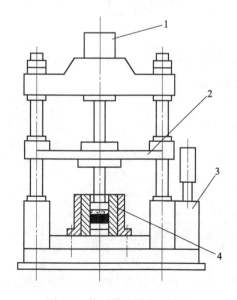

图 2-5　挤压铸造设备示意图

1—主缸；2—可动横梁；3—回油缸；4—模具

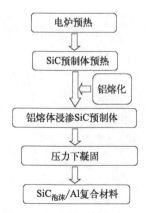

图 2-6　复合材料制备流程图

2.4.1 浇注顺序

根据基体熔体浇注顺序，挤压铸造可分为先放 SiC 泡沫增强体骨架后浇注合金熔体和先浇注熔体后放骨架两种工艺。图 2-7 是后浇注和先浇注熔体挤压铸造模具的示意图，从图中可以看出，这两种挤压铸造工艺除了浇注顺序不同和模具结构稍有变化外，总体结构基本相同。另外，后浇注和先浇注挤压铸造的排气方式也不同，前者是向下排气，而后者是向上排气。如果金属液面是整体推移，则前者的排气效果没有后者的好。因为后浇注挤压铸造增强体骨架排气时，骨架四周已经被金属液体裹住，不利于气体的逸出。采用先浇注挤压铸造时，金属液体渐渐地浸渗增强体骨架，SiC 泡沫和模具之间有一定的通道使气体逸出。先浇注挤压铸造的排气效果虽然较好，但是用该种方法制备出的复合材料的界面却不好。图 2-8 为不同浇注方式下制备出的复合材料中基体与增强体骨架之间界面，可以看出后浇注挤压铸造制备的复合材料的界面明显比先浇注挤压铸造制备出的界面好。前者制备出的复合材料的基体与增强体结合处基本上没有孔洞，而后者的复合材料的界面却为裂纹沟。出现这种现象的原因与这两种方式的制备过程有关。用后浇注铸造法是先放增强体骨架，后浇注合金液体，而先浇注法的制备过程正好相反。由于两种制备工艺的差别，当合金液体前沿浸渗增强体骨架时，后浇注法的合金前沿温度高于反压法合金前沿的温度。因此，用后浇注法制备出的复合材料界面要比先浇注法好。

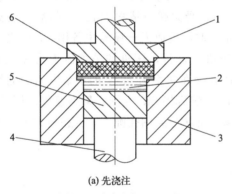 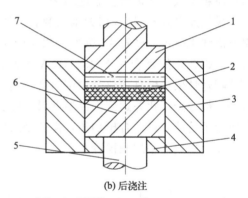

(a) 先浇注   (b) 后浇注

1—上盖；2—液态合金；3—凹模；   1—凸模；2—预制块；3—凹模；
4—顶杆；5—垫块；6—预制体   4—固定块；5—顶杆；6—垫块；7—液态合金

图 2-7 挤压铸造模具示意图

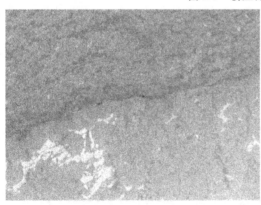 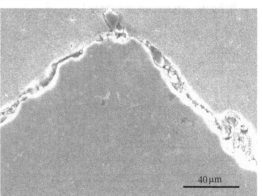

(a) 后浇注   (b) 先浇注

图 2-8 不同浇注顺序下复合材料界面

2.4.2　工艺参数

（1）模具的预热温度

模具预热温度影响着复合材料的质量和模具寿命。模具温度过低，浇注的液态金属基体迅速凝固，加压前立即形成较厚的结晶硬壳，降低了液态金属的有效压力，不利于材料复合；另外，金属中温度梯度的增大，也导致复合材料的基体形成大的柱状晶。模具的预热温度过高会加速模具表面的机械磨损，增大模具的热应力，使金属基体与模具型腔表面粘焊，使复合材料脱模困难，降低模具寿命。对于铝合金基体，模具温度低于 100℃，即出现上述缺陷，高于 300℃ 则有粘焊、渗铝的倾向[14]。因此，模具的最佳预热温度为 200～300℃。本实验采用汽油喷灯对模具预热，预热时间 20min，温度为 250℃。

（2）浇注温度

基体合金的浇注温度是影响材料复合的重要因素。虽然低温浇注可减少因液态收缩而产生的缩松、缩孔缺陷，提高模具的寿命，同时还能减少液态金属的喷溅和披缝，减少合金中气体含量，细化基体晶粒。但浇注温度过低将增加自由凝固的结晶硬壳厚度，降低挤压铸造复合效果。由于增强体会阻碍基体熔体的流动，加快基体的凝固，复合材料的浇注温度应比单一合金的浇注温度稍高。单一合金的浇注温度一般高于液相线 50～100℃，复合材料的浇注温度取其上限。

（3）增强体预热温度

增强体可以为基体熔体提供形核中心，加快基体合金的凝固，但是增强体表面早期凝固的基体会减小液态基体的流通通道，阻碍液态基体对增强体泡沫的浸渗。因此，当增强体温度过低时，会降低挤压铸造材料的复合效果，使材料中出现缩孔现象。增强体预热温度过高（高于 800℃）会使 SiC 表面发生氧化反应，在复合材料的界面处出现脆性相，降低复合材料界面结合强度；同时，过高的预热温度会增加增强体与外界环境的温差，增加了增强体由热震产生裂纹的隐患。实验证明，提高复合压力，适当降低增强体预热温度，可以实现双连续相复合材料的高质量成型。由于提高压力的方法，简单可行，没有明显的负作用，本文采用提高复合压力和增强体适当预热（低于 800℃）相结合的方法进行复合。

（4）复合压力

在材料的复合过程中，施加机械挤压压力，使金属熔体在压力下浸渗增强体预制体；在压力下补缩，消除材料中的缩孔和缩松；提高气体在基体金属中的固溶度，阻止气泡的形成，可以提高复合材料的致密度。材料中成型缺陷与压力选择密切关联，压力的选择也与合金的成分有关（图 2-9）。当铝硅合金为共晶合金时（含硅量为 11%～13%），单一合金挤压铸造所需的压力约为 70MPa。图 2-10 为在其他参数不变的条件下，用不同压力复合的复合材料基体的形貌。从图中可以看出，复合压力低于 150MPa 时，基体均出现不同程度的缩孔。随着复合压力的增大，缩孔的数量减少，缩孔的孔径减小。其原因是，复合压力的增大使基体的压力补缩增强，当复合压力达到 150MPa 时，基体中铸造缺陷消失。与单一合金相比，没有铸造缺陷的复合材料成型压力提高了 80MPa，这可能是 SiC 泡沫增强体的加入，加速了靠近泡沫筋附近基体合金的凝固；同时，泡沫陶瓷网络结构把复合材料的合金熔体分割成近似独立的熔池，阻碍了熔池间合金自身的补缩，使复合材料中容易产生缩孔。

（5）加压时间

加压时间是指合金浇入模具后到凸模开始接触合金液面之前的一段时间，加压时间应尽量

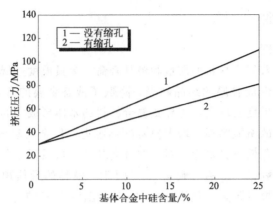

图 2-9   铝硅合金 Si 含量与挤压铸造压力的关系

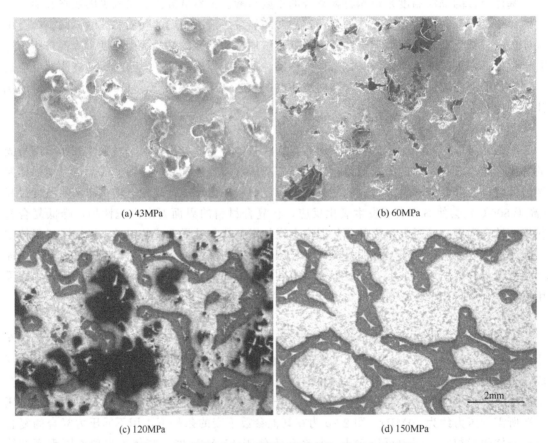

图 2-10   不同复合压力下复合材料基体 Al-Si 合金组织

短，以便最大限度地减小合金熔体自由结壳的厚度，减少挤压铸造复合时由于合金凝固外壳塑性变形损耗的压力，提升液态合金填充复合的有效作用力，同时增加填充压力的均匀性。

（6）保压时间

保压时间关系到复合材料的致密性，一般来说，复合压力应该保持到基体金属熔体完全凝固。保压时间过短，复合材料中心部位还未完全凝固时卸压，则使得最后凝固的基体得不到压力补缩，在芯部可能残留缩孔和缩松等缺陷，而且基体组织也不均匀。保压时间过长，远远超过了复合材料基体凝固的时间，复合材料的温度较低，基体和增强体的线收缩加大，增大了材料的塑性变形，将大大增大复合材料内部的残余应力，还会使复合材料脱模困难，降低模具的使用寿命和复合材料的表面质量[12]。实验在其他参数不变、保压时间不同（8～50s）的条件下进行，发现保压时间对复合材料没有明显的影响，这可能是因为复合材料的液态基体在上述保压时间之内已经完全凝固。因此，为了便于操作，保压时间确定为15s。

（7）加压速度

加压速度是指凸模接触到合金熔体后的运动速度。加压速度过低，金属液自由结壳太厚，降低复合效果；加压过快（如超过0.8m/s时），则易使金属液形成涡流卷气，增加金属液飞溅，甚至使复合材料产生裂纹。本实验中模腔的直径为100mm，尺寸比较小，冷却速度较快，因此加压速度适当提高，确定为0.3m/s。

2.5　复合材料中的增强体裂纹

SiC泡沫/Al双连续相复合材料中增强体的连续性对复合材料有重要的影响。在制备过程中复合材料经历了从高温到低温的过程，由于增强体与基体的线胀系数差异很大，在复合材料内部产生很大的残余应力，复杂的残余应力可能使SiC泡沫增强体的筋中产生裂纹，破坏复合材料的连续性。

（1）复合压力的影响

从图2-11可以看出，在复合压力为20～50MPa时，在不同压力下复合的复合材料的陶

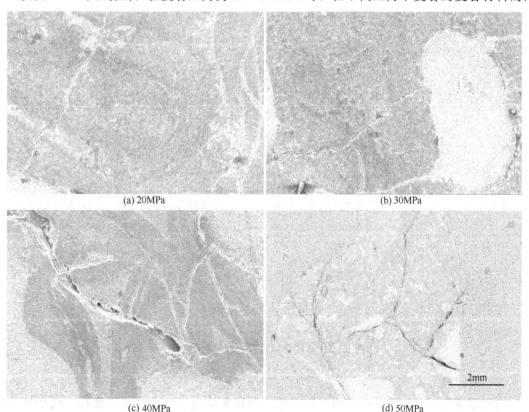

图2-11　不同复合压力下的复合材料中的裂纹

瓷增强体中，都存在宏观的裂纹，表现出整体断裂的特征，裂纹的分布没有规律。这表明，陶瓷中裂纹的大小和方向与复合压力没有直接的联系，复合压力的大小不是产生裂纹的根本原因。

（2）基体成分的影响

图 2-12（a）表明，当复合材料基体为纯铝时，增强体中有明显的宏观裂纹，而且数量较多，裂纹的方向各异，裂纹分布没有规律。增强体为铝硅合金时，复合材料中没有宏观裂纹，但仍有少量微观裂纹（图 2-12）。增强体骨架中的宏观裂纹严重割裂了骨架的连续性，破坏了复合材料的整体性，大大降低了材料的综合性能，是复合材料中的严重缺陷。导致 SiC 泡沫内部产生裂纹的根本原因是复合材料内部存在着巨大的残余应力。残余应力主要与基体与增强体之间的热膨胀系数差值有关，两者的热膨胀系数越接近，材料中的残余应力越小。随着含硅量的增大，铝硅合金的热膨胀系数逐渐减小，复合材料中残余应力减小，SiC 泡沫增强体开裂倾向性降低。基体铝硅合金含硅量越高，基体中块状初晶硅数量越多，尺寸越大，初晶硅内部缺陷越多，初晶硅自身越容易开裂，复合材料的基体连续性就会降低，从而降低了复合材料的性能。所以，通过单纯地提高基体中的含硅量，不能真正提高复合材料的连续性。

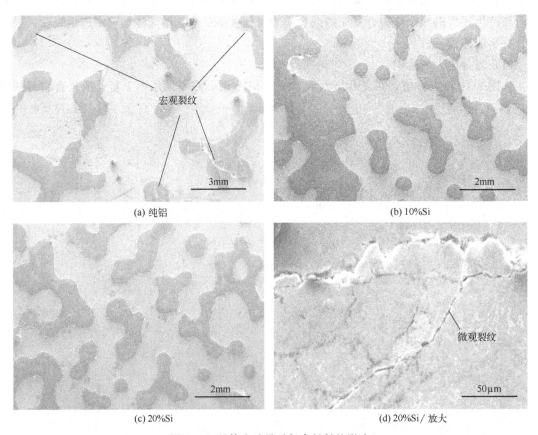

(a) 纯铝

(b) 10%Si

(c) 20%Si

(d) 20%Si/放大

图 2-12　基体含硅量对复合材料的影响

（3）泡沫筋结构的影响

当增强体 SiC 泡沫筋具有疏松多孔结构，材料复合时基体合金渗入微孔，泡沫筋形成了金属陶瓷复合体，原来致密泡沫筋与基体的突变界面转化为互穿式结构界面，减小了由基体与增强体热膨胀失配诱导的热残余应力；同时，筋的疏松多孔结构，使界面处的应力得到分散，应力的方向随着筋的微孔洞方向随机改变；另外，当泡沫筋具有疏松多孔结构时，筋的闭孔率大幅度减小，致密陶瓷的强度大幅度提高，陶瓷本身受载能力增强，陶瓷失效的可能性减小，从而降低了泡沫筋产生裂纹的可能性。所以具有多孔结构的泡沫筋，在与金属基体复合以后能够保持良好的连续性，改善了界面结合，确保了复合材料良好的连续性（图2-13）。

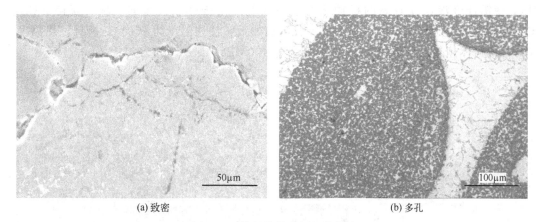

(a) 致密　　　　　　　　　　　　　　　(b) 多孔

图 2-13　筋的结构对裂纹的影响

2.6　SiC泡沫/SiC$_p$/Al 混杂双连续相复合材料的制备

SiC$_p$/Al 复合材料已经应用于电子封装基片，但是为了满足电子封装的要求，复合材料中 SiC 颗粒的体积分数必须大于 70%。高含量的 SiC 颗粒降低了复合材料的热导率，限制了 SiC$_p$/Al 复合材料在高密度电子封装方面的应用。SiC泡沫/Al 双连续相复合材料由于其自身独特的双连续相结构，具有比颗粒增强复合材料低得多的热膨胀系数，在电子封装方面具有重大的应用前景。SiC 泡沫增强体要保持良好的三维连通结构，其体积分数往往具有上限值，这就导致单一 SiC 泡沫增强铝基复合材料的膨胀系数不可能达到电子封装的工况要求。为此，本文设计了 SiC泡沫/SiC$_p$/Al 混杂双连续相复合材料，在 SiC泡沫/Al 双连续相复合材料中加入弥散的 SiC 颗粒，增加 SiC 总含量，使得 SiC泡沫/Al 双连续相复合材料在电子封装方面的应用成为可能。

（1）SiC 颗粒加入

用振动法在 SiC 泡沫孔中加入 SiC 颗粒，使 SiC 颗粒自然堆积在 SiC 泡沫的孔中，形成 SiC 泡沫-SiC 颗粒混合增强体。先把 SiC 泡沫放入一端开口一端封口的薄壁圆筒中（筒的内径比 SiC 泡沫的外径大 1mm，筒的深度比泡沫的厚度略高 2mm），然后往筒内加入 SiC 颗粒，同时敲震筒的底部，直到颗粒填满泡沫孔为止。

（2）SiC 颗粒选择

SiC 颗粒的尺寸与复合材料的性能密切相关。SiC 颗粒越小，SiC 颗粒对金属基体的强化效果越好，但是细小的 SiC 颗粒在复合材料中容易团聚，颗粒的分布不均匀（图2-14）。实验证明，SiC 颗粒的尺寸大于 7μm 时，颗粒在复合材料中能均匀分布 [图2-14（b）]。颗粒尺寸越大，颗粒表面的缺陷越多，内部的微裂纹越多，颗粒自身的强度和导热性能下降。

另外，颗粒尺寸越大，复合材料中的界面面积减小，材料中的热阻减小，反而增加复合材料的热导率，其中界面热阻对电子封装要求影响较大，因此选用较大尺寸的SiC颗粒，本实验选用尺寸为20μm的颗粒。

（3）混杂双连续相复合材料成型

采用传统的挤压铸造法制备混杂复合材料，先把混合均匀的SiC$_{泡沫}$/SiC$_p$预制体复合预制体放入电阻炉中预热，然后将预热的预制体放入金属模膛中，浇入铝合金熔体并迅速合模施压，使铝合金液体在较高的机械压力下渗入复合增强体中并凝固，从而获得SiC$_{泡沫}$/SiC$_p$/Al混杂双连续相复合材料。主要工艺参数如下：浇注温度为750℃，模具预热温度为250℃，增强体预热温度为800℃，复合压力为100MPa，保压时间为45s。

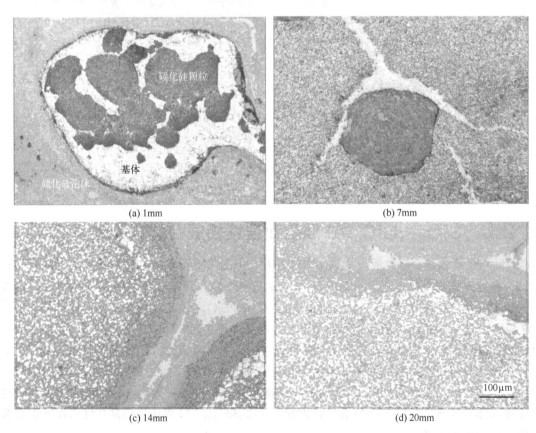

(a) 1mm (b) 7mm (c) 14mm (d) 20mm

图 2-14　SiC/Al复合材料中的SiC颗粒

2.7　本章小结

① 用改进的有机先驱体浸渍法，制备出具有三维连通网状结构SiC泡沫陶瓷增强体，增强体由三维连通性良好的泡沫孔和泡沫筋构成，泡沫整体在三维空间上各向同性。

② 在确保基体压力补缩的前提下，材料的复合压力对SiC泡沫筋中的裂纹没有影响。随着基体铝合金中含硅量的增加，基体和SiC增强体热膨胀失配减弱，复合材料中的内应力减小，SiC筋中的宏观裂纹消失，但微观裂纹仍然存在。

③ 采用铝硅合金为基体，以拥有多孔筋的 SiC 泡沫为增强体，消除了复合材料中 SiC 泡沫增强体中的裂纹，复合材料具有双重网络互穿结构，具有良好的界面结合和三维连续性。

④ 运用挤压铸造法制备出 SiC$_{泡沫}$/Al 双连续相复合材料和 SiC$_{泡沫}$/SiC$_p$/Al 混杂双连续相复合材料。随着 SiC 颗粒尺寸的增加，颗粒分布的均匀性增强。

第三章

SiC_{泡沫}/Al双连续相复合材料的凝固组织

在铝基复合材料中，由于 SiC 泡沫增强体的加入，使得复合材料凝固过程中温度场和浓度场、晶体生长热力学和动力学过程，以及复合材料基体组织发生改变，因此研究 $SiC_{泡沫}$/Al 双连续相复合材料凝固组织有十分重要的意义。目前人们对复合材料凝固的研究多集中在颗粒增强和纤维增强的复合材料，研究了非连续相增强体和基体的相互作用，但对双连续相复合材料凝固的研究还比较少。本章研究了材料复合工艺和 SiC 泡沫增强体对双连续相复合材料凝固组织的影响，并对复合材料基体的凝固机制进行了探讨。

3.1 实验方法

$SiC_{泡沫}$/Al 双连续相复合材料由两部分构成，增强体为采用先驱体泡沫浸渍法制备的 SiC 泡沫陶瓷，体积分数为 15%，泡沫网孔的大小约为 1mm。基体材料为铸造铝合金 ZL109，其成分（质量分数）见表 3-1，材料复合工艺同 2.4 小节。

用线切割法切取 15mm×15mm 的金相试样，依次用 28mm、15mm、7mm 的 SiC 颗粒在玻璃板上磨制，最后在金相抛光机上用 3.5mm 和 1mm 的金刚石抛光膏抛光，金相试样的观察在 MEF4A 金相显微镜下进行。

表 3-1　SiC_{泡沫}/Al 双连续相复合材料基体的成分

主要元素成分	Si	Cu	Mg	Ni	Al
含量/%	11.8	1.0	1.1	1.0	其余

3.2 工艺参数对复合材料凝固组织的影响

3.2.1 熔体浇注顺序

图 3-1 为在不同顺序浇注基体熔体下的 $SiC_{泡沫}$/Al 双连续相复合材料基体的凝固组织。材料复合工艺的主要区别在于前者［图 3-1（a）、图 3-1（b）］为先向模具中浇注基体合金熔体，后放置 SiC 泡沫增强体；后者［图 3-1（c）、图 3-1（d）］为先把 SiC 泡沫增强体预制

体放入模具中，再浇入基体合金熔体。两种工艺制备的复合材料基体组织均由白色的 α-Al 和黑色的共晶硅组成，先浇注获得的复合材料的基体晶粒在竖直方向上由上到下慢慢变大，枝晶沿竖直方向生长［图 3-1（a）、图 3-1（b）］。这可能与在不同浇注顺序下复合材料凝固条件有关，采用先浇注基体熔体工艺时，增强体的放置与基体熔体的浇注之间有几秒钟的时间差，浸渍增强体预制体的合金熔体温度稍低，复合材料散发的热量少一些，缩短了复合材料冷却时间，而且泡沫预制体与封模盖直接接触，封模盖与外界直接接触。材料凝固时在竖直方向上存在较大的温度梯度。贴近封模盖处材料区域的温度梯度最大，冷却快，形成细小的晶粒；而远离封模盖处冷却速度小，基体结晶时形核速度小，形成粗大的晶粒，而且熔体基体浇入模具后，熔体表面的温度迅速降低，材料复合以后低温熔体被挤压到样品上部，进一步细化了样品上部基体的晶粒。而采用后浇注基体熔体法，合金熔体浇入模具后，与模腔内预热的 SiC 泡沫骨架、垫块和模具内壁直接接触，形成的温度梯度很小，不足以影响材料中晶粒均匀性。另外，与泡沫预制体接触的熔体的热量来不及散发，熔体温度变化小，浸渍预制体的合金熔体温度均匀，增加了复合材料组织的均匀性[11]。因此，后浇注基体熔体的复合材料晶粒的大小相同，枝晶朝各个方向生长，宏观上为各向同性［图 3-1（c）、图 3-1（d）］。

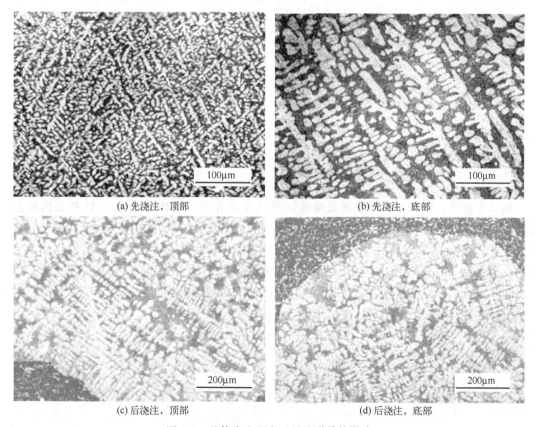

(a) 先浇注，顶部

(b) 先浇注，底部

(c) 后浇注，顶部

(d) 后浇注，底部

图 3-1 基体浇注顺序对晶粒形貌的影响

3.2.2 复合压力

从图 3-2 可以看出，整个基体合金由发达的柱状枝晶 α-Al 和共晶硅构成。随着复合压力的增加，基体合金中白色的 α-Al 枝晶尺寸稍微变小，黑色的共晶硅尺寸基本不变，但共晶硅的偏析减轻。复合压力使液态金属合金与模具内壁紧密接触,大大加快了复合成型过程中的热传导,提高了复合材料基体凝固速度,增加了结晶前沿的液态金属中的温度梯度。随着凝固速度的增加,枝晶臂变得细小,枝晶臂间距变窄,晶粒尺寸细小,因此增大复合压力可以细化晶粒。但是,枝晶的细化效果不显著,这与 SiC 泡沫增强体的存在有关。SiC 泡沫陶瓷使复合材料内部变成了许多近似泡沫网孔大小的微小熔池,靠近泡沫筋表面的合金熔体先凝固,在微熔池的外围形成了金属壳层,各个微熔池之间影响较小,削弱了复合压力晶粒破碎作用。另外,在材料的复合工艺中,在保证复合材料中不存在孔洞、缩孔、缩松等缺陷的前提下,复合压力应该尽量小,因此复合工艺中采用的压力比较小,远远低于明显细化基体晶粒所需的压力,从而降低了复合压力对基体组织的细化效果。因此随着复合压力的增大,基体晶粒细化不明显。

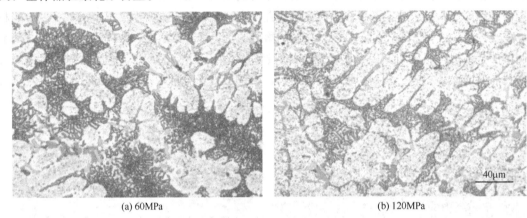

(a) 60MPa　　　　　　　　　　　　　　　(b) 120MPa

图 3-2　复合压力对晶粒形态的影响

3.2.3　SiC 泡沫增强体预热温度

图 3-3 表明,随着 SiC 泡沫陶瓷增强体预热温度升高,基体合金中 α-Al 初晶的枝晶间距逐渐增大。与增强体预热温度为 20℃相比,预热温度为 200℃时基体的枝晶稍稍粗化。当增强体预热温度为 800℃时,枝晶粗化明显。可见增强体预热温度对复合材料基体晶粒尺寸影响显著。这主要是因为 SiC 泡沫与液态合金的热物性不同,使泡沫筋附近的温度场和熔解场发生了变化。SiC 泡沫的预热温度升高,泡沫筋表面的温度增加,这将使得金属熔体的过

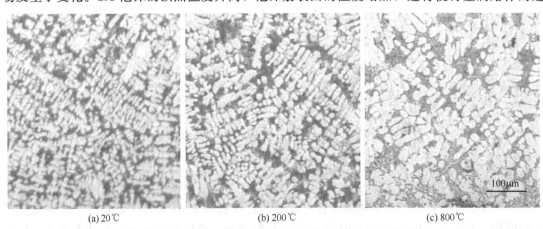

(a) 20℃　　　　　　　　　　(b) 200℃　　　　　　　　　　(c) 800℃

图 3-3　SiC 泡沫增强体预热温度对复合材料凝固组织的影响

冷温度降低，晶粒就会有变大的倾向。相反，SiC 泡沫的预热温度越低，金属熔体的过冷度越大，金属熔体中的温度梯度越大，金属合金中的形核率就越大，合金的枝晶组织就得到了细化。当骨架预热温度为 20℃和 200℃时，筋附近金属的过冷温度都远远超过了合金形核所需的过冷度，合金的枝晶都得到了细化。当骨架预热温度为 20℃时，基体合金的结晶前沿的过冷温度和温度梯度都比骨架预热温度为 200℃的大，因此前者的晶粒就会细小一些。而当骨架预热温度为 800℃时，合金凝固前沿的温度高于液相线 100～200℃，合金凝固速度慢，合金中形成比较粗大的柱状枝晶。

3.3　SiC 泡沫陶瓷骨架对复合材料基体凝固组织的影响

3.3.1　SiC 泡沫陶瓷骨架对晶粒的影响

在图 3-4 中，单一基体合金枝晶大小和复合材料中基体合金接近，但是晶粒方向却有明显区别。单一基体合金中的枝晶杂乱无章，一次枝晶轴比较短，而复合材料中的枝晶方向带有明显的规律性，枝晶都近似垂直于增强体 SiC 泡沫筋的表面。基体合金的晶粒大小与合金结晶的过冷度、凝固速度、复合压力的影响机制有关。合金的形核率越大，长大速率越小，合金晶粒就越细。合金的形核率与液态合金的过冷度有关，SiC 泡沫的加入没有改变液态合金的过冷度，即碳化硅没有作为 α-Al 的形核中心[21]，则 SiC 泡沫增强体没有因为异质形核作用而细化 α-Al 初晶。随着凝固速度的增加，基体合金树枝晶变细，这是因为枝晶间距取决于结晶界面上的散热条件，界面散热越快，枝晶轴所析出的结晶潜热的影响区越小，相邻枝晶轴就可能在较近的距离内生成，即枝晶间距就变窄，显微组织就细化。首先，SiC 泡沫增强体的加入减少了单位体积内的合金体积，从而减少了单位体积材料内释放出的热量，增加了复合材料的凝固速度。其次，SiC 泡沫增强体独特的三维网络连通结构，充分发挥了固相传热优势，增加了材料等效导热性，使复合材料的凝固速度增加，细化了晶粒。SiC 泡沫网络使液态金属合金分割成一个个微小的熔池，减弱了复合压力对液态金属合金的搅拌作用，使凝固初期的粗大枝晶没有完全打碎，从而使枝晶尺寸变大。可见，SiC 泡沫的综合作用并没有使合金晶粒细化。在一定的温度范围内凝固的合金，如果合金内部温度梯度很大，且热对流小，结晶的组织常常为柱状枝晶。在复合材料 α-Al 初晶结晶完成以前，SiC 泡沫

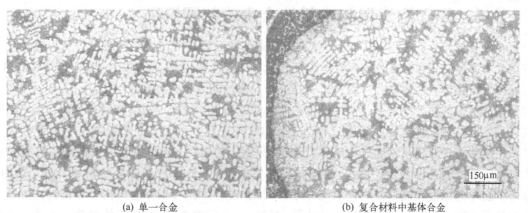

(a) 单一合金　　　　　　　　　　　　(b) 复合材料中基体合金

图 3-4　基体合金的宏观组织

三维连通的固态结构使其导热性比液态合金好，材料中的热量沿泡沫的筋传导比在液态合金中传导得快，筋周围的瞬时温度较中心液体低，从筋表面到泡沫孔中心形成了很大的温度梯度，再加上 SiC 泡沫孔对液态合金的约束作用，大大减小了合金内部的对流作用。合金内部对流越小，越容易形成柱状树枝晶，使合金 α-Al 枝晶从筋表面向泡沫孔中心生长，形成垂直于泡沫筋表面的树枝晶结构。

3.3.2　SiC 泡沫陶瓷骨架孔的尺寸对晶粒的影响

从图 3-5 可见，小孔中的基体组织与大孔的组织有明显的区别，小孔中的枝晶基本上都垂直于 SiC 泡沫筋表面，枝晶的长度更长，大孔中的组织大部分为枝晶，同时也有少量等轴晶存在。这是因为泡沫陶瓷把液态金属合金分割成近似泡沫孔大小的一个个细小的微熔池，泡沫的孔径越小，在单个的泡沫孔中的液态基体中对流越小，液态合金中热量就越容易沿温度梯度方向散发，基体合金就越容易形成柱状枝晶[21]。液态金属合金中对流越大，温度梯度的定向凝固效果就会减弱，在液态合金中的散热趋于各向同性，合金易于生成等轴晶。

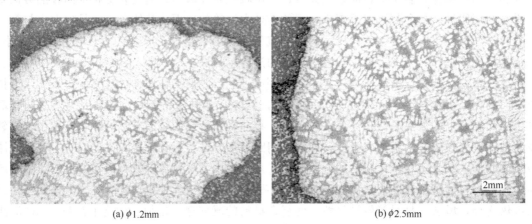

(a) ϕ1.2mm　　　　　　　　　　　　(b) ϕ2.5mm

图 3-5　SiC 泡沫孔径对晶粒形态的影响

3.4　SiC 泡沫骨架中基体合金的凝固机理

在复合材料凝固过程中，SiC 泡沫陶瓷增强体的三维连通网络结构对晶体的形核和长大有重大的影响。相比较传统的颗粒增强复合材料，双连续相复合材料的三维连通结构的 SiC 泡沫陶瓷增强体，使得复合材料界面面积减小，热传导的界面热阻减小。液态合金的凝固过程和泡沫陶瓷的热传导紧密相关，因为泡沫陶瓷的加入，改变了泡沫筋附近基体合金中的温度场和熔解场。基体合金的凝固过程可用图 3-6 来表述，由于 SiC 和铝的晶格错配度大于 15%，因此陶瓷增强体不能成为基体合金的形核中心，α-Al 初晶只能根据温度梯度分布首先在泡沫筋周围开始凝固。在 α-Al 初晶凝固完成以前，SiC 泡沫陶瓷的热传导比合金好，液态合金中的温度梯度近似垂直于泡沫筋，因此形核后的 α-Al 向泡沫孔中心长大，形成完整的枝晶轮廓。在凝固过程中，α-Al 生长的同时，伴随着 Si 相朝液相的移动，将硅原子排向固液界面前沿，使液相中硅富集，液相中硅的浓度升高。在 α-Al 长成枝晶后，α-Al 形成了固相，固态基体的热传导比泡沫筋好，枝晶尖端和枝晶之间的液相开始发生共晶反应。在泡沫筋的表面附近，由于泡沫筋的热传导比基体差，该区域的合金冷却速度很慢，共晶反应最后发生，在泡沫筋附近形成了粗大的条状共晶硅 [图 3-7（a）]。泡沫孔中心的共晶反应受到不同方向的 α-Al 的制约，共晶硅以耦合方式生长，硅相不断地被初晶 α-Al 推移到泡沫孔中心。因此，中心部位的硅相的浓度最大，发生共晶反应后，硅相以错排或孪晶方式改变生长方向，形成复杂的丛簇结构 [图 3-7（b）]。在凝固完成后，不同方向的 α-Al 初晶交汇处的共晶硅，比泡沫筋附近的共晶硅细小，方向也杂乱无章，而泡沫筋附近的共晶硅由于凝固速度慢，反应时间长，因此尺寸比较粗大。另外筋表面附近的共晶硅大多都近似垂直于筋的表面，其原因是泡沫筋为共晶硅提供了异质形核基体，促进了硅相的生长。

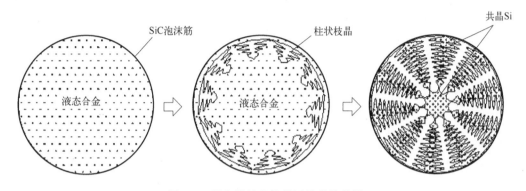

图 3-6 复合材料基体凝固结晶示意图

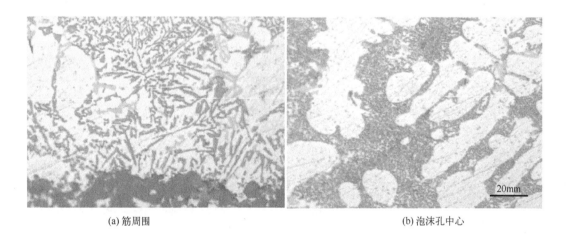

(a) 筋周围   (b) 泡沫孔中心

图 3-7 泡沫孔中共晶硅的形貌

3.5 本章小结

① 采用先浇注基体熔体后放置增强体的复合工艺，获得的复合材料组织比先放置骨架后浇注熔体的均匀。提高复合压力可以细化基体的组织，但是效果不明显。随着 SiC 泡沫增强体预热温度降低，基体组织细化。

② SiC 泡沫增强体对基体的晶粒尺寸没有明显的影响，但改变晶粒的形态。泡沫孔内的

α-Al 初晶呈现粗大的柱状晶，柱状晶垂直于泡沫筋表面。泡沫孔的尺寸越小，组织越容易形成枝晶，枝晶方向性越强。

③ SiC$_{泡沫}$/Al 双连续相复合材料的凝固机制为：α-Al 首先在泡沫筋附近开始形核结晶，然后逐渐向泡沫孔中心长大。α-Al 枝晶形成轮廓以后，枝晶之间富硅区发生共晶反应，筋附近的共晶硅组织最后形成。枝晶之间的共晶 Si 相呈细小的点状或针状，筋附近的共晶硅呈粗大条状。

第四章 ▶▶

SiC泡沫/Al双连续相复合材料界面的优化设计

复合材料是一种由基体和增强体构成的多相材料，材料中增强体与基体之间的界面，是一层具有一定厚度（纳米以上）、与基体和增强体有明显不同的新相，它是基体与增强体的连接纽带，也是应力或其他信息传递的桥梁。界面是复合材料的重要组成部分，其结构和性能直接影响复合材料的性能。本章对 SiC 泡沫增强体进行了表面改性处理，优化设计泡沫筋的结构，研究了界面优化对双连续相复合材料的影响。

4.1 SiC 泡沫增强体的表面改性

（1）泡沫筋表面的 NaOH 碱煮粗化

用有机泡沫多次浸渍反应烧结法制备出的 SiC 泡沫陶瓷，一些残留在 SiC 颗粒缝隙中的游离态 Si 覆盖在泡沫筋的表面，形成一层硅膜［图 4-1（a）］。这层硅膜减小了陶瓷筋的表面积，削弱了增强体与基体之间的界面结合。在复合材料中基体与增强体泡沫筋之间的结合属于机械结合，相互作用很弱，材料在断裂时没有任何附着现象（图 4-2）。因此，为了提高复合材料性能，有必要对复合材料的界面进行优化。

为了增加陶瓷泡沫筋的表面积，将 SiC 泡沫放入一定浓度的 NaOH 溶液中（实验用溶

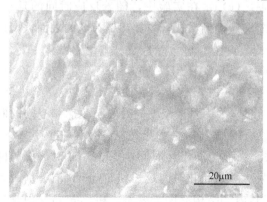

(a) 0min

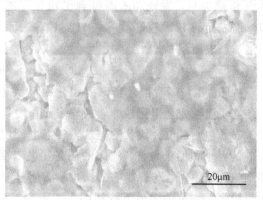

(b) 4min

图 4-1

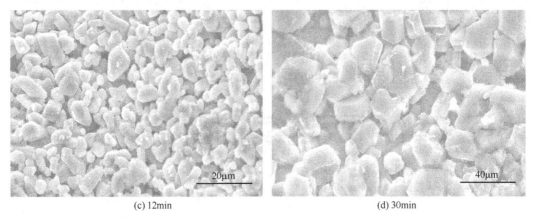

(c) 12min   (d) 30min

图 4-1 骨架经 NaOH 溶液不同时间粗化后筋的表面形貌

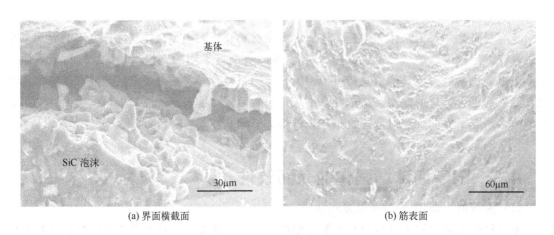

(a) 界面横截面   (b) 筋表面

图 4-2 复合材料界面处的断口

液温度为 100℃，浓度为 30%），分别浸泡 0min、8min、12min、30min，利用 NaOH 与 Si 之间的化学反应式（4-1），对泡沫筋进行表面粗化处理。然后用水冲洗泡沫增强体，洗掉泡沫筋表面残留的反应产物 Na_2SiO_3，并进行超声清洗，然后烘干处理待用。将泡沫筋表面的残余 Si 除去后，发现筋表面得到了粗化［图 4-1（c）］。在实验中，随着反应时间的延长，泡沫筋表面的 Si 膜逐渐被 NaOH 腐蚀，表面的 Si 膜渐渐被撕开，露出锯齿状的表面，增加了泡沫筋表面积。

$$Si + 2NaOH + H_2O \xrightarrow{\quad\quad} Na_2SiO_3 + 2H_2 \uparrow \qquad\qquad (4-1)$$

从图 4-1 可以看出，当碱煮粗化时间大于 12min 时，泡沫筋表面的 Si 膜被完全去除，泡沫筋表面被完全粗化，骨架的筋表面积增大。图 4-3 为骨架经不同时间粗化后陶瓷筋的断口。筋的中心部位为块状的硅芯，Si 芯的周围为 SiC 该结构是骨架在制备过程中留下来的，Si 芯的大小和形状与 SiC 泡沫的制备工艺有关。在泡沫筋粗化时间小于 12min 时，筋的内部结构比较致密，与原始筋的结构没有明显差别。如果粗化时间延长到 30min，泡沫筋的表面与粗化 12min 的表面形貌相同（图 4-1），但是内部结构有明显差别。粗化 30min 的骨架整体变疏松，中心的硅芯全部腐蚀掉，出现了孔洞（图 4-3），将会降低泡沫陶瓷的整体强度。因此，泡沫陶瓷粗化 12min 比较合理，既实现了表面粗化，又不会降低泡沫整体强度。

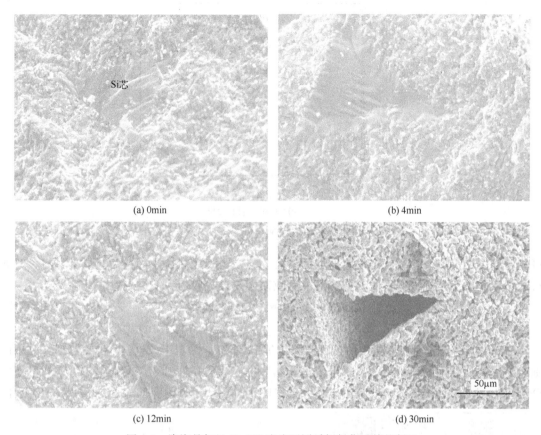

(a) 0min

(b) 4min

(c) 12min

(d) 30min

图 4-3　陶瓷骨架经 NaOH 溶液不同时间粗化后筋的断口

（2）泡沫筋表面的微弧氧化

微弧氧化法是增加界面结合的一种改性方法。这个方法利用在泡沫筋表面放电产生局部高温，将 SiC 氧化生成 SiO_2［式（4-2）］。具体的方法是：将作为电极的 SiC 泡沫和石墨棒放入 0.1mol/L 的 NaOH 溶液中，通入脉冲电流（脉冲电压 100～150V，电流 20～30A，脉宽 1s，脉间 1s），电极放电产生的能量（火花）使泡沫筋表层的 SiC 氧化，氧化后的筋表面形貌如图 4-4 所示。图中白色珊瑚状的物质是围绕碳化硅颗粒生长出来的 SiO_2。虽然 SiO_2

(a) 扫描电镜图

图 4-4

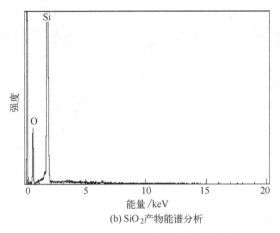

(b) SiO₂产物能谱分析

图 4-4 微弧氧化处理后 SiC 泡沫筋的表面

可能和基体铝反应，增加复合材料的界面结合，但是由于运用挤压铸造工艺复合材料，时间很短，反应来不及进行，因此该方法不能有效改善复合材料的界面结合。

$$2SiC+3O_2 \Longrightarrow 2SiO_2+2CO\uparrow \tag{4-2}$$

（3）泡沫筋表面涂覆 K_2ZrF_6

SiC 泡沫陶瓷表面改性所用的试剂为化学纯 K_2ZrF_6，涂覆 K_2ZrF_6 的步骤包括：先用丙酮超声清洗泡沫陶瓷，再用去离子水清洗，然后把泡沫陶瓷放入 80℃的 K_2ZrF_6 饱和溶液中分别浸泡 1h、2h 和 3h，取出后在空气中自然晾干。图 4-5 为陶瓷筋表面涂覆 K_2ZrF_6 后的

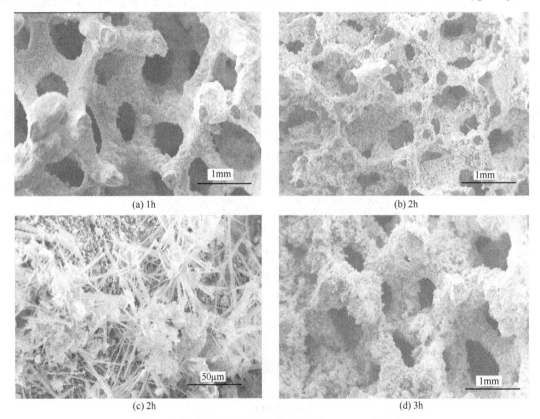

(a) 1h

(b) 2h

(c) 2h

(d) 3h

图 4-5 浸泡不同时间的陶瓷骨架涂覆 K_2ZrF_6 后的表面

表面形貌，可以看出泡沫浸泡不同时间后，K_2ZrF_6 盐在其表面的涂覆总体上是均匀的。随着浸泡时间的延长，K_2ZrF_6 在陶瓷筋表面的析出量增加（表 4-1），表面涂层增厚，其中浸泡时间 2h 为最佳时间，泡沫增重 9%，这是因为泡沫筋表面的 K_2ZrF_6 的质量应小于泡沫总质量的 10%，过多的 K_2ZrF_6 会使界面出现脆性陶瓷相，降低复合材料的性能，过少的 K_2ZrF_6 对复合材料的界面改善不明显。

表 4-1　SiC 泡沫在 K_2ZrF_6 溶液中浸泡后质量变化

浸泡时间/h	1	2	3
SiC 预制体增重/%	5	9	12

（4）SiC 泡沫镀铜

在 SiC 泡沫筋表面镀铜是对增强体表面改性的一种常用方法。在基体与 SiC 泡沫筋之间添加一层中间层（Cu），其热膨胀系数（$17.7 \times 10^{-6}/℃$）介于 SiC（$4.7 \times 10^{-6}/℃$）和（$23 \times 10^{-6}/℃$）之间。Cu 中间层在增强体与基体之间提供了一个缓冲区，减小了复合材料中的残余应力，有助于界面结合。电镀铜的具体过程如下。

① 电镀液配方为：硫酸铜（$CuSO_4 \cdot 5H_2O$）300g，硫酸（H_2SO_4，$d=1.84$g/mL，其中 d 为硫酸密度）150g，加水至 1500mL。

② 分别以 SiC 泡沫和电解铜为阴极和阳极，用 KGYA-15/12 型电镀用电源进行电镀（电镀反应为：阴极 $Cu^{2+} + 2e^- = Cu$，阳极 $Cu - 2e^- = Cu^{2+}$），电镀时间为 3h。

研究发现，SiC 泡沫筋表面的镀铜层分布不均匀（图 4-6），这可能与 SiC 泡沫本身的导

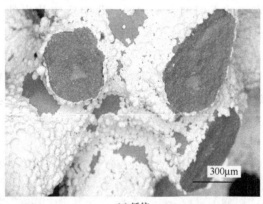

(a) 低倍

(b) 高倍

图 4-6　镀铜后的 SiC 泡沫增强体

电性不均匀有关。因此，单纯地利用电镀工艺对 SiC 泡沫增强体进行表面改性，不能优化复合材料的界面。

4.2 SiC 泡沫增强体的表面改性对复合材料压缩性能的影响

由于泡沫孔中含有大量空气，金属基体熔体在浸渗陶瓷增强体的前沿形成了一薄层氧化膜。于是，以原始 SiC 泡沫作为增强体的复合材料界面处，存在大量的氧化铝薄膜，降低了界面结合强度。由于复合材料的增强体与金属基体的热膨胀系数差别较大，在界面附近存在着由热膨胀失配引起的残余应力[15-18]。残余应力在沿着界面方向上挤压陶瓷颗粒，诱发颗粒剥脱，引起界面开裂［图 4-7（a）］。增强体 SiC 泡沫筋表面粗化处理使筋表面的 Si 膜消失，露出颗粒状 SiC 颗粒，增加了泡沫筋表面积，有利于机械结合［图 4-1（c）］。另外，在金属基体熔液浸渗陶瓷骨架的瞬间，表面粗化的颗粒像锯齿一样撕裂金属氧化膜，增加了基体合金和增强体的直接接触，有利于提高界面结合强度。同时，粗化的泡沫筋表面在金属与陶瓷结合时，形成犬牙交错结构的界面形貌，增加了界面摩擦，有效地改善了材料的界面结合，缓冲了界面附近的残余应力。泡沫筋表面涂覆 K_2ZrF_6 的复合材料具有良好的界面结合［图 4-7（c）］，界面附近的陶瓷筋没有出现陶瓷颗粒脱落现象，其主要原因是骨架表面的 K_2ZrF_6 提高了 SiC 与金属铝之间的润湿性，降低了它们之间的接触角。K_2ZrF_6 与氧化铝膜发生反应，生成氟酸盐和氧化锆，撕裂了界面前沿的氧化铝薄膜，有效实现了金属与陶瓷的界面结合。同时，化学反应放出的大量热量使复合材料界面附近的局部区域温度骤然升高，超过了氧化铝对 SiC 的润湿温度，使材料界面的润湿性提高，改善了复合材料的界面结合。K_2ZrF_6 的荆棘状结构，增大了金属熔体浸渗泡沫陶瓷的摩擦阻力，提高了氧化铝膜的破裂概率，从而提高了复合材料的界面结合强度。因此，熔体合金浸渍泡沫陶瓷增强体前沿的界面反应（图 4-8），能够有效改善复合材料界面结合，提高复合材料的性能。

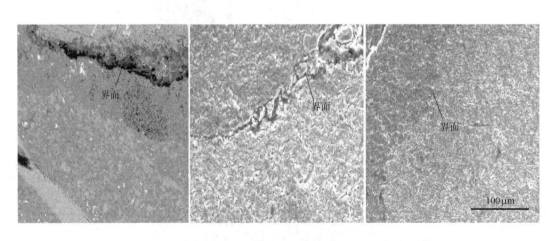

(a) 原始泡沫　　　　　(b) NaOH粗化的泡沫　　　　　(c) K_2ZrF_6处理的泡沫

图 4-7　复合材料界面

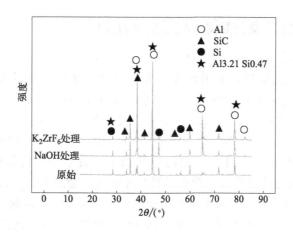

图 4-8　复合材料的 XRD 分析

从图 4-9 可见，SiC 泡沫陶瓷的表面改性提高了复合材料的强度。泡沫筋涂覆 K_2ZrF_6 的复合材料的强度（材料的线性应变的最大应力值看作为复合材料的强度，这时的应变值记为 ε^*，金属基体为对应于 ε^*_{max} 时的应力值）为原始 SiC 泡沫增强复合材料的 1.7 倍，为纯铝基体的 5 倍。这与复合材料的界面结合有密切关系，由于增强体与基体材料的膨胀系数失配，在复合材料中增强体与基体的界面附近存在大量的位错。这些高密度位错分布不均匀，交织在一起形成一种胞状结构的位错胞。位错胞内的位错密度较低，胞壁的位错密度很高而且相互缠结。在受到压缩载荷时，由于泡沫筋自身的低塑性，复合材料的微裂纹首先在泡沫筋中产生，然后向界面扩展。裂纹在扩张过程中，受到复合材料界面附近位错胞的阻碍。随着压缩应变的增大，裂纹尖端的应力集中加剧；界面附近基体中的位错密度也增加，位错胞阻碍材料流变应力的能力增强，应力应变曲线表现为向上攀升。当裂纹尖端的应力集中大于位错胞的流变抗力时，微观裂纹突破位错胞，向远离界面的泡沫孔中心基体推移，材料开始失效。

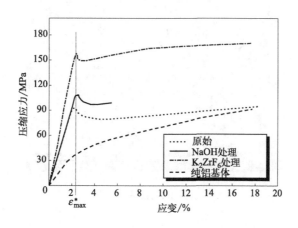

图 4-9　纯铝基体与不同界面处理复合材料的压缩应力应变关系

4.3　SiC 泡沫增强体筋结构的改进

（1）SiC 泡沫筋表层的多孔过渡结构

在 SiC 泡沫制备的后阶段，采用含有单质 Si 的 SiC 浆料，使得泡沫筋的表面成为 SiC 和 Si 的混合体。除去多余的单质 Si 后，得到表层多孔中心致密的泡沫筋。改变 SiC 浆料中单质 Si 的含量可以控制多孔结构的表层中的孔隙率，浆料中单质 Si 的含量越大，表层的孔隙率越高；浆料不含单质 Si 时即为原始致密的 SiC 泡沫。为了使表层 SiC 之间能够充分接触，形成连通三维网络结构，具有一定的连接强度，表层 SiC 的体积分数一般应该高于 50%。SiC 泡沫与金属基体复合后，形成了具有界面过渡层的 SiC泡沫/Al 双连续相复合材料（图 4-10），双连续相复合材料中灰色的铝合金基体充分浸渗 SiC 泡沫。SiC 泡沫增强体的中心为三角形硅心，是在泡沫陶瓷制备后期液态硅浸渗形成的。SiC 泡沫筋周围的白色区域为界面过渡层 ［图 4-10（b）］，该区域为 SiC 和铝合金基体的复合体。

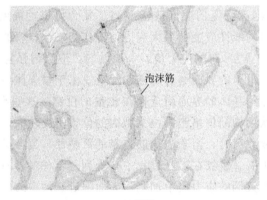

(a) 原始

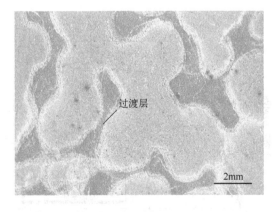

(b) 过渡层

图 4-10　SiC/Al 双连续相复合材料的宏观形貌

（2）SiC 泡沫筋整体的空心多孔结构

当 SiC 泡沫筋整体具有空心多孔结构时，它与 SiC 普通实心泡沫陶瓷在形貌上有很大的区别（图 4-11）。在宏观结构上，可以将普通 SiC 泡沫筋看作一个实心致密的陶瓷棒 [图 4-11（a）]，空心多孔的泡沫筋却是一根空心且带有微孔的陶瓷管 [图 4-11（b）]。在形貌上，实心泡沫筋的表面致密，没有任何孔隙 [图 4-12（a）]，减少了界面的结合面积，对机械结合的界面非常不利。空心多孔结构的泡沫筋表面具有复杂的多孔结构 [图 4-12（b）]，既增加了复合材料界面的接触面积，又使复合材料具有独特的互穿式界面结构，是陶瓷-金属复合材料的理想界面结构。SiC 泡沫增强体与金属基体复合以后，形成了复式连通双连续相复合材料，复式连通是指基体合金不但在 SiC 泡沫孔内是连通的，而且在泡沫筋的中心孔内也是连通的。由图 4-13 可见，在空心多孔的 SiC 泡沫中充满了铝合金基体，真正形成了复式连通双连续相复合材料。空心多孔 SiC 泡沫筋结构特殊，整个筋具有疏松多孔的结构，各个孔又连续贯通 [图 4-12（b）]。材料复合以后，泡沫筋区域本身即为陶瓷-金属复合材料，复式连通双连续相复合材料的界面结合良好。由于陶瓷筋具有多孔结构，基体合金填满了泡沫筋壁的微观孔洞，形成了独特的互穿式界面。基体的膨胀系数比 SiC 增强相大，在这种微观的互穿式结构的界面上，增强体陶瓷受到压应力，使陶瓷受到基体合金的包夹作用，从而使界面结合更强。

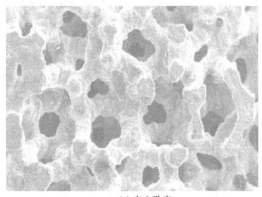

(a) 实心致密

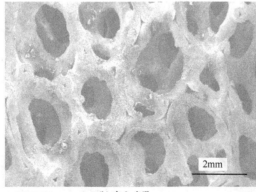

(b) 空心多孔

图 4-11　增强体 SiC 泡沫陶瓷

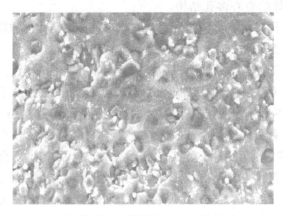

(a) 实心致密

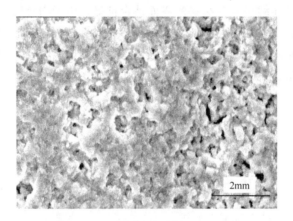

(b) 空心多孔

图 4-12　增强体 SiC 泡沫陶瓷筋的表面形貌

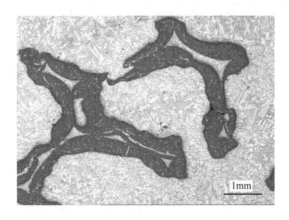

图 4-13　SiC_{泡沫}/Al 复式连通双连续相复合材料的宏观形貌

4.4　泡沫筋结构改进对复合材料的影响

4.4.1　筋结构改进对复合材料力学性能的影响

（1）SiC 泡沫筋表层多孔过渡结构对压缩性能的影响

复合材料的界面是增强体与基体之间不连续区域，在该区域内材料的线胀系数陡然变化。当温度偏离复合材料的成型温度时，在复合材料界面处产生巨大的残余热应力，影响复合材料的承载能力。如果增强体与基体合金的热膨胀系数相差足够大，残余应力大于界面强度时，界面处产生微裂纹，降低了复合材料的承载能力。增强体 SiC 泡沫筋表层的多孔过渡结构使复合材料的界面有一层几十微米厚的过渡层，界面过渡层包含基体合金和增强体组元，可以近似地看作金属陶瓷复合材料。界面过渡层的热膨胀系数介于基体与增强体之间，为增强体和基体的界面结合提供了缓冲区，能有效地降低复合材料中的残余应力。同时，多孔过渡结构改变了界面附近的应力状态，使过渡区的多孔陶瓷承受压应力，显著提高了复合材料的承载能力。

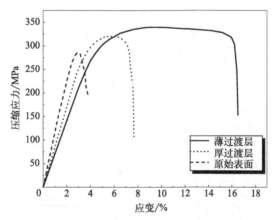

图 4-14　SiC泡沫/Al 双连续相复合材料压缩应力应变关系

从图 4-14 可以看出，增强体 SiC 泡沫筋为原始表面时，复合材料的强度最低，断裂应变最小，但弹性模量最高；含有稀疏 SiC 多孔界面过渡层的复合材料的压缩强度最大，断裂应变最大，但模量最小；含有较稠 SiC 多孔界面过渡层的复合材料的压缩性能介于前两者之间。这些 SiC泡沫/Al 双连续相复合材料压缩行为的差异与复合材料界面结构有关。当增强体 SiC 泡沫筋为原始致密表面时，材料的热膨胀性能、原子配位、晶体结构，以及弹性模量均发生陡然的变化，在界面处产生极大的残余应力。界面处的残余应力比较复杂，由于增强体 SiC 泡沫的热膨胀系数较小，SiC 泡沫筋受到压应力和剪切应力，铝合金基体受到拉应力的作用。当残余应力足够大时，泡沫筋产生宏观裂纹 [图 4-15（a）]，从而降低了 SiC 泡沫增强体的承载能力，使复合材料的压缩强度降低。当金属基体的塑性较低时，复合材料中的残余应力可能超过金属基体的抗拉强度，使界面附近的基体产生微裂纹 [图 4-15（a）]，进一步降低了复合材料强度。同时，复合材料的界面结合也受到残余应力的破坏，使增强体 SiC 泡沫和铝合金基体不能成为一个整体，降低了增强体和基体的整体承载能力。复合材料的界面过渡层，为界面附近的材料特性（热膨胀系数和弹性模量等）变化提供了一个缓冲区，减小了复合材料中的残余应力，改善了材料的界面结合［图 4-15（b）］。界面过渡层的缓冲能力与过渡层的宽度和过渡层中 SiC 的含量有关。根据混合定律，当 SiC 的体积分数为 50％时，过渡层的热膨胀系数为铝合金基体和 SiC 增强体的平均值，这时过渡层与增强体和基体的热膨胀失配相同，热膨胀系数差值最小。由于残余应力和热膨胀差值成正比，当 SiC 的体积分数为 50％时，复合材料中的残余应力最小，过渡层的缓冲效果最佳。

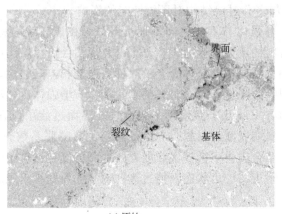

(a) 原始

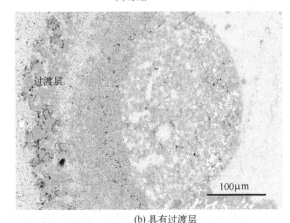

100μm

(b) 具有过渡层

图 4-15　SiC/Al 双连续相复合材料的界面

　　但是，由于复合材料中界面过渡层的 SiC 体积分数都超过 50％，即过渡层中 SiC 的体积分数都超过了最佳缓冲层的 SiC 的含量，稀疏界面过渡层中的 SiC 含量更加接近最佳缓冲层。所以，具有稀疏界面过渡层复合材料中的残余应力最低，复合材料的增强效果最好，该复合材料具有较高的压缩强度和优异的塑性。当增强体的体积分数一定时，具有过渡层的增强体的致密部分相对减少，增强体泡沫承载能力减弱，增强体泡沫的刚性减弱。因此，具有界面过渡层的复合材料的弹性模量相对较小。可见，原始 SiC 泡沫增强的复合材料的强度最小，弹性模量较高，刚度好；具有稀疏界面过渡层的复合材料的压缩性能最好。

　　（2）SiC 泡沫筋整体空心多孔结构对复合材料力学性能的影响

　　① 复合材料的压缩行为。当增强体 SiC 泡沫筋具有整体空心多孔结构时，复合材料具有独特的复式连通结构，复式连通复合材料的力学性能提高幅度最大（表 4-2），这主要与复式连通复合材料的界面结合和泡沫筋结构有关。从热力学观点来看，SiC/Al 复合材料的基体与增强体之间可能发生界面反应，但是基体氧化膜会阻碍反应发生。另外，由于挤压铸

造法中材料复合的时间很短（约 1min），界面的氧化膜来不及破坏。因此，用该方法制备的复合材料的基体与增强体之间，既不相互反应，也不互相熔解，形成的界面微观上是平整的，界面表面积较小，属于典型的机械结合。机械结合界面主要依靠增强体粗糙表面产生的机械锚合力和基体收缩包紧增强体产生的摩擦力，比较平整宏观界面具有较低的界面摩擦力和较小的比表面积，因此普通双连续相复合材料（泡沫筋为致密实心）的压缩强度提升不显著。SiC泡沫/Al复式连通双连续相复合材料的泡沫筋具有特殊的多孔结构［图 4-12（b）］，这使得界面具有独特的互穿式结构，增加了界面的接触面积，且微孔结构使得界面摩擦力方向复杂，从而进一步增加了复合材料的界面结合。另外，复式连通复合材料的泡沫筋具有典型的金属陶瓷结构，该结构既降低了泡沫筋内部的烧结缺陷，增加了泡沫筋抵抗断裂损伤的能力；同时塑性金属渗入多孔泡沫筋，综合增强了复合材料中泡沫筋的强韧性，提高了复合材料的力学性能。

表 4-2　SiC泡沫/Al 双连续相复合材料的力学性能

材料	屈服强度/MPa	压缩强度/MPa	伸长率/%	弯曲强度/MPa
基体	195	350	−27.2	—
普通双连续相复合材料	228	262	−6.1	83
复式连通双连续相复合材料	310	351	−7.8	191

由于金属基体与增强体膨胀系数和弹塑性等性能差异，在复合材料的制备过程中，界面附近产生大量的残余应力。由于金属基体的膨胀系数大于陶瓷增强体，界面附近的金属基体承受拉应力。同时，在复合材料凝固冷却过程中，金属基体的收缩大于陶瓷增强体，因此在摩擦力的作用下，金属基体将会带动与泡沫筋结合较弱的颗粒沿泡沫筋轴向移动，使颗粒从泡沫筋表面脱落，从而在界面附近出现了孔洞或微裂纹［图 4-16（a）］，诱发复合材料早期失效，严重降低了复合材料的力学性能。复式连通双连续相复合材料中，一方面互穿式界面结构缓解了应力集中，改变了应力方向，降低了残余应力影响；另一方面互穿式结构，使宏观界面转变为相互缠绕的微观界面，既增加了界面面积，又增加了界面机械互锁效应，增加了界面结合强度，提升了复合材料的承载能力。

SiC泡沫/Al复式连通双连续相复合材料的变形方式与普通连通复合材料也明显不同。在变形的第一阶段（图 4-17 中直线部分），材料处于弹性变形阶段，材料内部的变形基本相同，只是弹性模量稍有偏差，这与复合材料的界面结合有关，良好的界面使得陶瓷增强体整体承载能力更强，复合材料弹性模量稍高，刚性较好。复合材料压缩时均表现为脆性断裂特征，没有明显的屈服阶段。材料屈服以后经过一定的塑性变形后达到强度极限。普通连通双连续相复合材料达到强度极限以后，应力应变曲线迅速下降，即材料的失效应变很小；复式连通双连续相复合材料达到强度极限的应变比普通连通双连续相复合材料显著增大，这可能是因为复式连通双连续相复合材料的增强体 SiC 泡沫筋具有特殊的空心多孔结构，复合材料中泡沫筋形成了典型的陶瓷金属。在复合材料成型后，陶瓷筋的空心部位和微孔部位都被基体填满，泡沫筋形成了金属-陶瓷结构，泡沫筋成为金属陶瓷复合筋。复合筋本身就是金属基复合材料，基体金属的韧化效果得到了充分发挥，同时互穿结构的界面增加了基体和增强体的协同承载能力，提升了复合材料强韧性。因此，复式连通双连续相复合材料在承载过程中，达到强度极限以后，复合材料的应变曲线有一段平台区（图 4-17 中 a—b），然后材料慢慢失效，失效的应变范围比较宽（b—c），该特性提高材料的安全可靠性。泡沫增强体的空

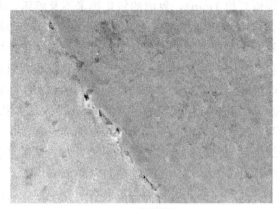

(a) 普通连通

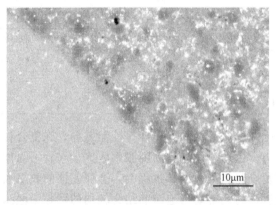

10μm

(b) 复式连通

图 4-16 SiC/390Al 复合材料的界面

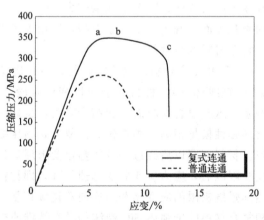

图 4-17 复合材料的压缩应力应变曲线

心多孔结构使复合材料的界面发生了根本性的变化,互穿式界面使增强体与基体发生犬牙交错的相互咬合,增强了机械互锁效应,提升界面机械结合强度。这种界面能有效地阻止裂纹扩展,缓解界面处的应力集中,提高复合材料的韧性。因此,互穿式界面结合物,使复式连通双连续相 SiC泡沫/Al 复合材料的整体承载能力更强,材料中各组分性能更能充分发挥,使材料的强度和塑性显著提高。

② 复合材料的弯曲性能。从表 4-2 可以看出，复式连通双连续相复合材料的弯曲强度是普通双连续相复合材料的 2.3 倍。这主要和复式连通双连续相复合材料良好的界面结合有关，弯曲破坏分为材料下层的拉伸破坏区和上层的压缩破坏区。复式连通双连续相复合材料的泡沫筋属于金属陶瓷复合体，具有良好的强度和韧性，可以承受一定的拉应力和压应力。同时，良好的互穿式界面使复式连通复合材料在断裂时形成平整的脆性断口［图 4-18（c）］。而在普通连通复合材料中，界面结合较差，界面区成为复合材料的薄弱部位，在材料发生弯曲变形时，材料的界面区易出现微裂纹。当微裂纹扩展达到一定程度时，致密的泡沫筋和基

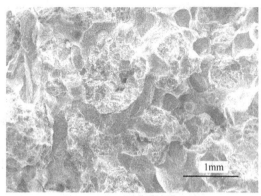

(a)普通连通

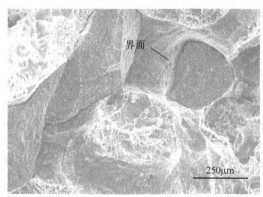

(b)普通连通，高倍

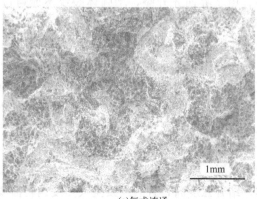

(c)复式连通

图 4-18

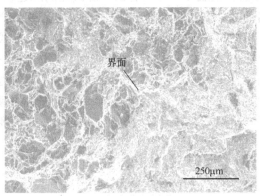

(d)复式连通，高倍

图 4-18　复合材料的断口

体在局部区域相互分离，材料迅速破坏失效，材料破坏后的断口表现为泡沫筋和基体各自单独断裂特征，断口不平整，界面处有裂缝（图 4-18）。复式连通双连续相复合材料在弯曲断裂时，增强体和基体一起发生弯曲变形，直至断裂失效。断裂失效时，复合材料的界面仍然保持良好的结合，界面没有任何撕开的迹象 [图 4-18 (c)、图 4-18 (d)]。这主要是因为复式连通复合材料的平直宏观界面转化为多孔陶瓷与基体铝合金之间的多方向缠绕的微观界面 [图 4-18 (d)]，复合材料界面结合强度大于陶瓷颗粒之间的结合强度。

4.4.2　筋结构改进对复合材料断裂行为的影响

图 4-19 (a)～(c) 为 SiC 泡沫增强铝基普通连通双连续相复合材料断口，图 4-19 (d)～(f) 为含有界面过渡层的复合材料断口。从图中可以看出，普通连通双连续相复合材料宏观断口凹凸不平 [图 4-19 (a)]，而含有过渡层的复合材料的断口相对平整 [图 4-19 (d)]，基体合金和增强体几乎同时断裂。普通连通双连续相复合材料界面结合相对较差，在制备过程中界面处就容易出现微裂纹 [图 4-15 (a)]。复合材料承受外加弯曲载荷时，SiC 泡沫增强体和铝合金基体整体受载能力较弱。在失效断裂以前，复合材料的合金基体与 SiC 泡沫增强体首先从界面处分开，然后各自失效断裂。SiC 泡沫的塑性较低，复合材料中增强体 SiC 率先在较小的应变处断裂，由于界面先开裂，增强体裂纹不能通过界面扩展到基体合金中 [图 4-19 (b)]。在普通连通双连续相复合材料的断口上分布着基体颈缩断口，颈缩断口保持着完整性，没有受到增强体的剪切作用。在复合材料弯曲变形的早期，增强体与基体就已经从界面处分离开来，所以在泡沫筋的表面几乎没有残留的基体 [图 4-19 (c)]。

含有界面过渡层的复合材料的断口比较平整 [图 4-19 (d)]，SiC 泡沫增强体和铝合金基体几乎同时断裂。由于复合材料的界面过渡层为增强体和基体的不连续提供了缓冲区，具有良好的界面结合。在承受弯曲载荷时，复合材料中增强体 SiC 泡沫和铝合金基体同时发生协同塑性变形。由于 SiC 陶瓷的抗拉能力比较差，复合材料达到某一应变时，微裂纹首先在泡沫筋中形成，然后向表面扩展。当裂纹扩展到过渡层时，由于过渡层中的 SiC 和泡沫筋的致密部分烧结为一个整体，结合强度高，且裂纹发生大角度偏转需要足够的能量，因此裂纹不会在筋的致密表面沿轴向扩展。SiC 增强体与铝合金基体之间的连接属于机械结合，主要依靠粗糙表面相互嵌入的互锁机制实现界面结合。复合材料中微裂纹扩展到过渡层时，裂纹

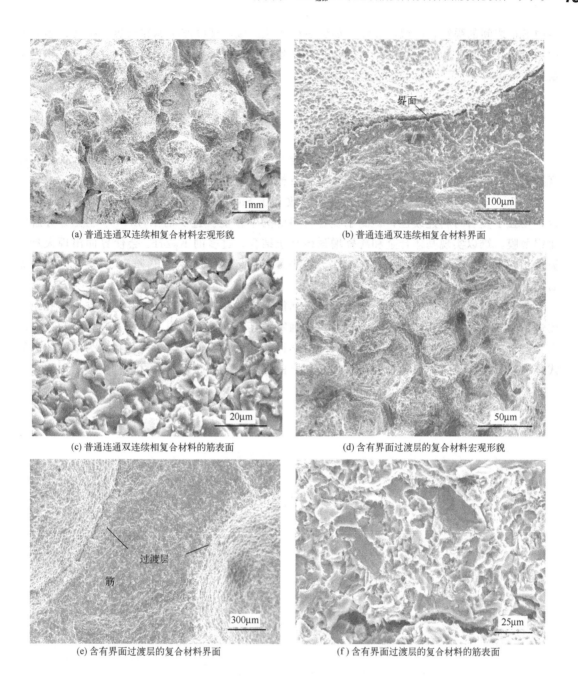

(a) 普通连通双连续相复合材料宏观形貌　　(b) 普通连通双连续相复合材料界面

(c) 普通连通双连续相复合材料的筋表面　　(d) 含有界面过渡层的复合材料宏观形貌

(e) 含有界面过渡层的复合材料界面　　(f) 含有界面过渡层的复合材料的筋表面

图 4-19　SiC 泡沫增强铝基双连续相复合材料的断口

会撕开 SiC 与铝合金基体之间薄弱区域，进一步扩展到靠近基体一侧的界面处。由于该区域属于互穿式结合，界面结合比较复杂，一部分裂纹有可能沿着过渡层外侧界面扩展，另一部分裂纹向基体合金中扩展。最后，在外侧界面破坏和基体失效的共同作用下，复合材料中的基体合金与增强体同时发生断裂失效，形成了比较平整的断裂表面 [图 4-19（e）]。当过渡层的外侧界面受到破坏时，在过渡区域出现 SiC 颗粒剥落和铝合金塑性断裂现象 [图 4-19（f）]，这可能是由于过渡层中的 SiC 在烧结过程中彼此接触的面积较小，部分颗粒之间的烧结处于近似点接触状态，颗粒之间的结合强度不高，变形过程中易出现断裂失效。对于过渡层中 SiC 之间的强结合区域，裂纹扩展到 SiC 颗粒区域，裂纹产生偏转沿界面扩展，当应力达到了铝合金基体的屈服强度时，铝合金基体发生塑性变形，继而颈缩失效，复合材料发生断裂失效破坏。

4.5 本章小结

① SiC 泡沫增强体碱煮粗化提升界面结合效果显著。经碱煮粗化后，泡沫筋表面粗化程度提高，泡沫筋表面积增大，有效地改善了机械结合的复合材料界面结合。

② K_2ZrF_6 均匀地涂覆在泡沫筋表面，改善了 $SiC_{泡沫}$/Al 双连续相复合材料的界面结合，增强了复合材料连续性，提高了复合材料的力学性能。过少的 K_2ZrF_6 不能充分分解氧化铝薄膜，难以实现基体合金和陶瓷增强体真正结合，过多的 K_2ZrF_6 会使界面出现大量的脆性相，不利于界面结合。在表面改性工艺中，SiC 骨架表面涂覆 K_2ZrF_6 的复合材料的界面结合最好，强度最高。

③ SiC 泡沫增强体泡沫筋结构改进，包括筋表层多孔过渡结构设计和整体空心多孔结构改进，使 $SiC_{泡沫}$/Al 双连续相复合材料具有独特的互穿式界面结构，降低了复合材料残余应力，改善了界面结合，提高了复合材料的力学性能。以 SiC 整体空心多孔泡沫为增强体的复式连通双连续相复合材料，不但压缩性能和弯曲强度明显提高，而且材料韧性显著增强。

第五章

SiC泡沫/Al双连续相复合材料的力学性能

目前，人们对传统复合材料（以颗粒、纤维和晶须等弥散相为增强体的复合材料）的力学行为研究得比较多，发现增强体形态和性能对复合材料裂纹萌生和扩展有重要影响。在双连续相复合材料中，各相之间复杂的空间互锁结构，增加了人们对其研究的难度，很难判断加载后各相之间的协调变形机制。复合材料内各相在三维方向上的连续结构，有利于阻碍裂纹扩展，有利于提高复合材料整体抵抗变形能力。同时，陶瓷相的三维连通网络结构提高了复合材料的弹性模量，连续金属相通过裂纹桥接机制提高了复合材料的韧性，因此双连续相复合材料具有独特的力学行为和性能。本章采用常温压缩和三点弯曲法研究 SiC泡沫/Al 双连续相复合材料的力学行为特征，系统地研究制备工艺参数、SiC 泡沫结构和热处理对材料力学性能的影响，分析了复合材料的摩擦学性能。

5.1 实验方法

用线切割机将实验用复合材料切成尺寸为 $13mm \times 13mm \times 27mm$ 的压缩试样，在 DCS-10 万能实验机上测定材料的压缩强度，加载速度为 1mm/min。采用三点弯曲法在 AG-5000A 型（日本 Shimadzu Autograph）弯曲试验机上测量试样的弯曲强度，试样的尺寸为 $6mm \times 8mm \times 70mm$，载荷为 2500N，加载速率为 0.5mm/min，跨距为 50mm，支点端部曲率半径 1.5mm，加压端部曲率半径 4.0mm，加载速率 1mm/min。在 Schenck Mechanical Test System 试验机上测定双连续相复合材料高温压缩强度，实验温度分别为：室温、200℃、300℃、400℃ 和 500℃，炉温升到设定温度后保温 15min，然后开始加载测试，压缩速度为 3.3×10^{-6} m/s。用 Archimedes 法测量复合材料的密度，用 InspectF50 场发射电子显微镜、S360 扫描电子显微镜和 MEF4A 金相显微镜观察复合材料的形貌。

热处理包括 T6 热处理、等温处理和热循环三种。T6 热处理包括固溶和时效两个阶段，其工艺参数列于表 5-1。等温处理是在 300℃ 电阻炉中保温 24h[22]，以消除复合材料中残余应力。热循环是将样品在电阻炉（150℃、220℃ 和 300℃）中保温 5min 后，放入 15℃ 水中冷却 1min，然后再放入恒温的电阻炉中保温，如此往复循环 15 次、45 次和 75 次。用于热处理的复合材料基体略有不同，T6 热处理的复合材料的基体为 ZL109，等温处理和热循环的复合材料的基体为纯铝。

表 5-1 复合材料 T6 热处理的工艺参数

样品编号	热处理参数
1	固溶(515℃,6h),水淬(60℃)+时效(170℃,14h),空冷
2	固溶(515℃,6h),水淬(60℃)+时效(170℃,18h),空冷
3	固溶(515℃,8h),水淬(60℃)+时效(170℃,14h),空冷
4	固溶(515℃,8h),水淬(60℃)+时效(170℃,18h),空冷
5	固溶(515℃,10h),水淬(60℃)+时效(170℃,14h),空冷
6	固溶(515℃,10h),水淬(60℃)+时效(170℃,18h),空冷

摩擦磨损实验设备为 M-2000 摩擦磨损试验机,对材料的摩擦系数和磨损率进行表征。试验机是销盘式滑动摩擦磨损试验机。试验在常温下进行,滑动速度可以调节。所使用的圆环摩擦副为淬火钢质圆环磨盘,试样与磨盘是面接触滑动摩擦,试验在无润滑的干摩擦条件下进行。试验前先将试样摩擦面分别用不同型号的金相砂纸进行打磨,再使用金相抛光机进行抛光至表面平整无划痕。试验采用大、中、小三种孔隙率 SiC 泡沫陶瓷为增强体的双连续相复合材料,由于泡沫陶瓷孔隙率可采用控制泡沫筋粗细实现孔隙率的调控,空隙率越大,泡沫陶瓷体积分数越低,泡沫孔越粗大。摩擦磨损试验载荷分别为 100N、150N、200N,转速分别为 200r/min、400r/min,摩擦时间分别为 5min、15min、30min、60min、120min。

5.2 SiC泡沫/Al 双连续相复合材料的力学性能

5.2.1 SiC 泡沫对复合材料的力学性能的影响

（1）SiC 泡沫增强体预热温度的影响

图 5-1 为 SiC 泡沫预热温度对双连续相复合材料的压缩行为的影响。从图中可以看出,SiC 泡沫预热温度为 800℃时,复合材料的压缩强度和压缩应变稍有降低,这可能与 SiC 泡沫增强体预热温度对复合材料基体组织和界面的影响有关。SiC 泡沫的预热温度会影响泡沫附近金属熔体的过冷度,枝晶间距取决于结晶界面的散热条件,散热越快,枝晶轴析出结晶潜热的影响区越小,相邻枝晶轴就可能在较近的距离内生成,即枝晶间距越窄,显微组织越细小。SiC 泡沫的预热温度越低,金属熔体的过冷度越大,金属熔体中的温度梯度越大,基

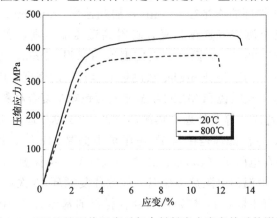

图 5-1 SiC 泡沫预热温度对复合材料应力应变关系的影响

体合金熔体的形核率越大，枝晶组织得到了细化。因此，随着 SiC 泡沫预热温度的降低，复合材料的压缩强度逐渐升高，压缩应变增大。另外，泡沫增强体预热温度越高，越有利于提高复合材料界面结合相，但是由于增强体碳化硅与基体铝合金之间的界面结合属于机械结合，复合材料成型过程中增强体与基体之间的润湿属于压力下强制润湿，所以 SiC 泡沫预热温度对复合材料的界面结合影响不大。因此，随着 SiC 泡沫预热温度提高，复合材料基体晶粒增大，材料压缩强度降低，压缩应变减小。

（2）SiC 泡沫筋结构的影响

增强体 SiC 泡沫筋分为三类：一类为内外疏松中间致密的三明治结构，另一类为均匀疏松式结构，第三类为外疏松内致密的双层式结构（图 5-2）。从表 5-2 可以看出，不同泡沫筋结构的 SiC_泡沫/Al 双连续相复合材料的屈服强度都比基体高。当增强体 SiC 泡沫筋具有三明治结构时，复合材料屈服强度最高，比基体提高了 70%；筋具有均匀疏松结构时，复合材料屈服强度提高了 34%；筋具有双层结构时，复合材料屈服强度提高了 15%。同时，复合材料的压缩强度也都比相同压缩应变的基体强度高，其变化趋势与屈服强度相同。SiC 泡沫筋具有三明治结构时，压缩强度最高，比基体提高了 56%；泡沫筋具有双层结构时，复合材料压缩强度最低，仅提高了 14%；泡沫筋具有均匀疏松结构时，复合材料压缩强度介于前两者之间，比基体提高了 22%。复合材料的压缩强度与材料界面和增强体强度有密切的关系，复合材料界面负责传递内部应力。在复合材料的界面附近，材料物理性质和化学性质的不连续性，使增强体与基体合金之间产生了热力学不平衡。因此，界面的结构对载荷的传递和断裂过程起着决定性作用。当复合材料承受外加载荷时，产生的应力在材料内部分布不均匀，界面的结构会改变应力分布。SiC 与铝合金之间的界面结合属于机械结合，增强体表面粗糙程度是影响机械结合的主要因素。当筋具有疏松多孔结构时，基体合金渗入微孔，在筋的表层形成了金属陶瓷复合层，为材料宏观界面提供了缓冲区，在界面前沿形成了互穿式结构，减小了由于基体与增强体之间热膨胀失配造成的热残余应力，从而提高了材料强度。同时，泡沫筋疏松多孔结构，使界面处应力方向随机变化，从而增加了界面传递应力的能力，提高了材料强度。当 SiC 泡沫筋具有致密结构时，致密结构可以提高增强体强度，从而提高复合材料强度。但是，具有致密结构的筋与基体之间的界面，不具有互穿式结构，界面平整光滑，界面面积小，传递应力的能力比较差，而且界面效应大于泡沫强度效应，因此泡沫筋多孔结构提高了复合材料强度。SiC 泡沫筋具有三明治结构时，筋的内外表面为疏松多

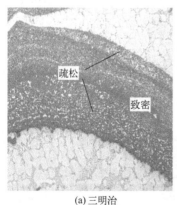
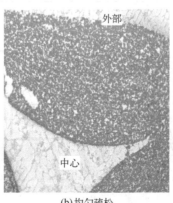
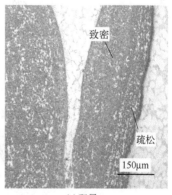

(a) 三明治　　　　　　　　(b) 均匀疏松　　　　　　　　(c) 双层

图 5-2　SiC_泡沫/Al 双连续相复合材料中泡沫增强体的筋的形貌

孔结构,形成的界面为互穿式结构,中间部分为致密结构［图5-2(a)］。这种致密结构既提高了泡沫筋强度又强化了界面结合。因此,筋具有三明治结构的复合材料强度比筋具有均匀疏松结构的高。当SiC泡沫增强体的筋具有双层结构时,筋的外壁为一层40μm厚的疏松多孔层,外表面形成的界面为互穿式界面,具有致密结构的内壁形成的界面为普通界面［图5-2(c)］。虽然具有致密结构的筋本身能提高复合材料的强度,但是它与基体之间的界面结构发生了变化,使材料的强度降低。双层结构的致密部分总体上降低了复合材料强度。可见,泡沫筋具有双层结构的复合材料的强度最低。

表5-2　SiC泡沫/Al双连续相复合材料的压缩性能

材料	泡沫筋结构	SiC泡沫体积分数/%	屈服强度 $\sigma_{0.2}$/MPa	压缩强度 σ_b/MPa
1#	三明治	16.4	345	422
2#	均匀疏松	17.1	270	331
3#	双层	17.8	233	309
基体	—	0	202	271[①]

① 复合材料最大应变对应应力。

(3) SiC泡沫的孔径对复合材料力学性能的影响

① 压缩性能。图5-3表明,随着SiC泡沫孔径增大,材料压缩强度逐渐提高,材料屈服应变减小。泡沫孔径为2.0mm时,双连续相复合材料的弹性模量、屈服强度和压缩强度最大,压缩应变最小;孔径为1.0mm的复合材料的强度最低,屈服应变最大。材料力学性能与增强体结构密切关联,首先,泡沫的孔径越小,泡沫孔中的基体越容易形成近似垂直于泡沫筋的柱状枝晶,形成等轴晶的概率下降。泡沫孔径减小还会降低复合材料凝固时液态合金中的对流,使枝晶的晶粒变大。粗大的柱状枝晶使基体合金的强度降低,从而使复合材料强度降低。因此,泡沫孔径越小,复合材料的强度越低。另外,在体积分数相同的情况下,泡沫的孔径越小,泡沫孔的单元数就越多,泡沫筋数量越多,泡沫筋的直径就越小,单根泡沫筋的承载能力就越低。由于SiC泡沫具有三维连通网络结构,复合材料在承载时增强体SiC泡沫既传递载荷又承受载荷。因此,泡沫孔越小,复合材料强度就越低。另外,随着泡沫孔径变大,SiC泡沫增强体泡沫筋越粗,泡沫筋中残留的烧结缺陷就越多,这些缺陷可能成为复合材料的裂纹源,诱发材料早期失效,复合材料的屈服应变越小。

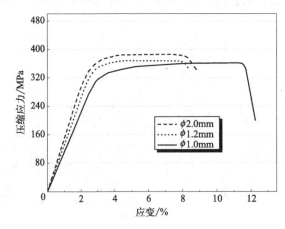

图5-3　不同孔径的SiC泡沫增强铝基双连续相复合材料的压缩应力应变关系

② 弯曲强度。从图 5-4 可以看出，在泡沫孔径小于 1.5mm 时，弯曲强度随着孔径的增大而提高，在孔径约为 1.5mm 时，弯曲强度达到最大值。在孔径大于 1.5mm 时，弯曲强度随着孔径的增大而减小。当泡沫孔小于 1.5mm 时，随着泡沫孔径增大，泡沫筋变粗，泡沫筋强度增加，泡沫增强体承载能力增强，因此复合材料的弯曲强度增大。随着泡沫孔径增大，泡沫筋变粗，同时泡沫筋内部由于 SiC 浆料不均匀出现微观孔洞缺陷的概率也变大。材料在断裂时，微裂纹将在缺陷周围形成，然后慢慢扩展，促进了材料的破坏，微孔洞缺陷会降低材料的弯曲强度，对材料强度产生弱化效应。因此当泡沫孔径大于 1.5mm 时，随着泡沫孔径增大，泡沫筋中微孔洞的弱化大于粗大泡沫筋的强化，复合材料的弯曲强度逐渐降低。

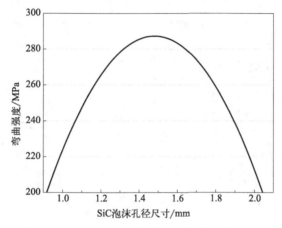

图 5-4　SiC 泡沫孔径对复合材料弯曲强度的影响

（4）SiC 泡沫的体积分数的影响

图 5-5 表明，复合材料中 SiC 泡沫增强体的体积分数越高，材料的压缩性能越好。复合材料的弹性模量、屈服强度和压缩强度均随着增强体体积分数的增大而提高，而压缩应变率却减小。在复合材料中，增强体具有三维网络连通结构，当泡沫孔的孔径为一定值时，增强体的体积分数增大，泡沫筋的直径增大（图 5-6）。当 SiC 泡沫筋十分细小时，泡沫增强体整体结构强度很低，不能承受材料复合时所需要的压力，使得材料中存在局部的坍塌现象［图 5-6（a）］。SiC 泡沫增强体的体积分数越高，泡沫筋越粗，筋的强度越高。当筋的强度足以

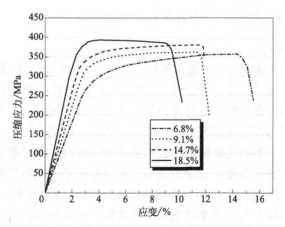

图 5-5　不同体积分数 SiC 增强铝基复合材料的应变与应力关系

承受复合压力时，泡沫筋能够保持良好的三维连通性，保证了复合材料在三维空间的双连续性〔图 5-6（b）、（c）、（d）〕。单根泡沫筋强度越高，SiC 泡沫整体承载能力增强，复合材料强度就越高。同时，泡沫筋越粗，泡沫刚性越好，复合材料弹性模量越高。SiC泡沫/Al 双连续相复合材料承受压缩载荷时，由于泡沫筋属于脆性材料，泡沫筋在较小的应变下就会先失效断裂。在复合材料变形过程中，泡沫筋孔洞缺陷部位易产生微裂纹，在剪应力的作用下裂纹沿着泡沫筋径向扩展，形成横跨泡沫筋的宏观裂纹。因此，泡沫筋越粗大，复合材料失效应变越小，复合材料压缩时失效应变随着增强体体积分数的增大而减小。

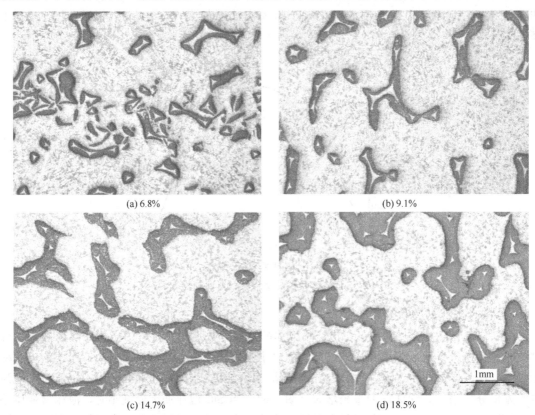

(a) 6.8%　　　　　　　　　　　　　　　(b) 9.1%

(c) 14.7%　　　　　　　　　　　　　　(d) 18.5%

图 5-6　不同体积分数 SiC 泡沫增强铝基复合材料

5.2.2　热处理对复合材料的力学性能的影响

（1）T6 热处理的影响

① T6 热处理对复合材料压缩性能的影响。图 5-7 为热处理前后复合材料的压缩应力应变关系，从图中可以看出，复合材料经过 T6 热处理后，塑性应变和弹性模量稍低，压缩强度显著提高。双连续相复合材料具有特殊的复式连通结构（图 5-8），SiC 泡沫增强体为三维连通网络结构，单个筋可以看作带有三角中心孔的圆管，管壁为复杂连通微孔陶瓷。泡沫增强体与金属基体复合后，不但宏观的泡沫被铝基体充分浸渗，而且筋的三角中心孔和微孔都填满了金属基体，泡沫筋和筋壁微孔中的金属铝基体形成了金属陶瓷复合体；金属基体不但在宏观泡沫孔中保持三维连通性，而且在筋的中心三角孔和筋壁微孔中也具有三维连通结构。因此，整个复合材料不再是简单的泡沫 SiC 增强体和金属基体的组合，而是复杂的金属陶瓷泡沫和基体合金多维结合体。金属化的泡沫筋和复杂的复式连通结构，使复合材料在承

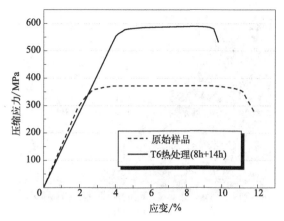

图 5-7　SiC$_{泡沫}$/Al复合材料的应力与应变的关系

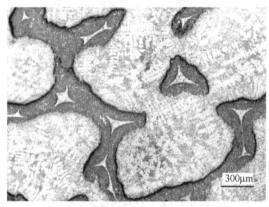

图 5-8　SiC$_{泡沫}$/Al复式连通双连续相复合材料宏观形貌

受压缩载荷时抵抗塑性变形的能力大大提高，发生塑性变形后存在很长的塑性平台，因此复合材料具有良好的塑性。

　　T6热处理后，SiC$_{泡沫}$/Al复式连通双连续相复合材料的压缩强度大幅度提高与T6热处理后基体组织的变化有关（图5-9）。T6热处理前，铝合金基体主要由白色的α-Al和灰色的粗针状共晶硅第二相构成［图5-9（a）］，其中第二相的形貌对复合材料的性能有重要的影响。T6热处理过程的固溶处理后，硅相尺寸大大减小，硅相逐渐钝化断开，硅相的形态由针状变成了细小的颗粒状和短棒状，而且共晶硅在α-Al枝晶间的分布也变得均匀。共晶硅的球化和分布的均匀性增强了本身的弥散强化效果，改善了基体的性能，提高了复合材料的强度。在随后的时效过程中，由于ZL109基体中合金元素较多，其时效过程较为复杂，其中Mg是该合金时效强化的重要元素，比Cu的时效强化效果好，Mg$_2$Si是主要的时效强化相。增强体SiC泡沫的加入并没有从根本上改变基体中各相的析出过程，其固溶后的时效析出过程均为：α过饱和固溶体→GP→β″→β′→β（Mg$_2$Si），时效初期Mg、Si原子在铝基体的晶面上聚集，并趋向有序化，形成溶质原子富集区即GP区，它是通过淬火空位的偏聚形成的，与基体保持共格关系，边界上的原子是基体相α和GP区所共有，为了适应两种不同原子的排列形式，共格边界附近产生了弹性形变，这种晶格的严重畸变阻碍了位错运动，从而提高了基体的强度，改善了复合材料的性能。同时，复合材料强度的提高还与材料的残余应力有关，由于SiC增强体与基体合金的膨胀系数差很大，淬火处理后在复合材料内部必定

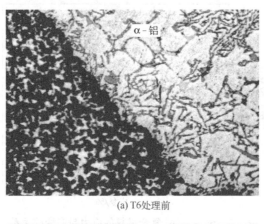

(a) T6处理前

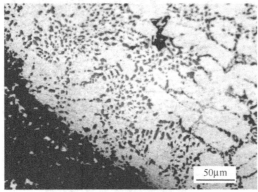

(b) T6处理后

图 5-9　复合材料的微观组织

有很大的残余应力。残余应力的大小与样品的冷却速度有关。由于淬火处理的冷却速度比较大，热处理后残余应力很大，基体中的位错密度增加。虽然时效可以消除部分残余应力，但是界面附近基体中的位错密度比铸态中的位错密度高，使材料的强度提高。

　　此外，虽然复合材料的高温固溶可以促进界面附近的基体和增强体的原子扩散，改善复合材料的界面结合，但对 SiC泡沫/Al 材料系列而言，复合材料界面属于机械结合，这种影响因素可以忽略不计。热处理后复合材料的弹性模量稍稍下降，可能与热处理后泡沫筋的结构有关。由于 SiC 增强体与基体的热膨胀失配，在铸态复合材料内部已经存在残余应力，但该应力还没有在泡沫筋中诱发裂纹，破坏泡沫筋的连续性［图 5-10（a）］。淬火快速冷却使复合材料的增强体与基体之间的残余应力增大。SiC 泡沫增强体是通过多次浸渍 SiC 浆料后烧结而成的，因此不同浸渍层之间是相对薄弱部位，淬火后复合材料中很大的残余应力使薄弱区域出现裂纹［图 5-10（b）］，破坏了泡沫筋良好的三维连通性，但是没有影响泡沫增强体的整体连续性。可见，T6 热处理后复合材料的增强体和基体双连续性依然存在，增强体的连续性降低，增强体泡沫承载能力下降，泡沫的刚性稍微下降。因此，在复合材料承受压缩载荷时，复合材料的弹性模量稍稍降低。另外，增强体 SiC 泡沫筋中的微裂纹加速了材料的失效过程，降低了材料的塑性。

　　② 热处理工艺参数的影响。图 5-11 表明，随着固溶时间延长，复合材料的压缩强度具有最大值，固溶时间为 8h 时，复合材料的压缩强度最高。复合材料的基体主要由 α-Al 和共晶硅组成，固溶处理的主要过程是高温下共晶硅原子的扩散。当固溶时间比较短时，原始铸

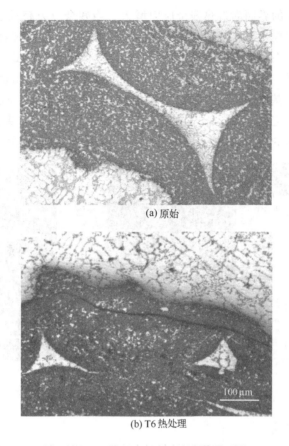

(a) 原始

(b) T6 热处理

图 5-10　T6 热处理后复合材料中的裂纹

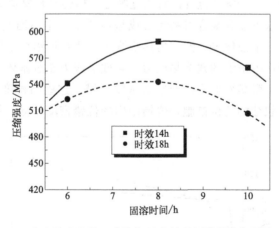

图 5-11　SiC泡沫/Al 复式连通双连续相复合材料压缩强度与固溶时间的关系

态中粗大的针状共晶硅来不及充分扩散，共晶硅不能完全球化，有一部分共晶硅保持原来的针状或棒状 [图 5-12 (a)]，材料的强化效果没有达到最佳；随着固溶时间的延长，共晶硅被逐渐球化，硅相的长径比逐渐减小，弥散增强效果逐渐提高，复合材料强度不断提高。当固溶时间为 8h 时，第二相共晶硅得到了充分的扩散 [图 5-12 (b)]，硅相弥散增强的效果达到最佳，复合材料的压缩强度最大。当固溶时间超过 8h 时，共晶硅开始粗化长大，尺寸变得粗大 [图 5-12 (c)]，复合材料的压缩强度逐渐减小。在复合材料成型过程中，增强体和基体热膨胀失配引起的界面附近热残余应力增大。当残余应力超过了基体的屈服强度时，界面附近的基体发生塑性变形，并在基体中诱发大量的位错。随着时效时间的延长，界面附近的基体中的可动位错在热应力的驱动下产生滑移，基体中的位错密度逐渐降低，从而使材料的压缩强度渐渐降低。同时，时效时间的延长有可能使得时效析出相与母相之间的共格关系发生变化，在 β' 相和基体的界面处形成了稳定的 β（Mg_2Si）相，Mg_2Si 失去了和基体之间的共格关系，属于稳定相。Mg_2Si 完全从 α-Al 母相中脱离出来，共格应变消失，同时不断长大，阻碍位错运动的能力减弱，基体强度下降，复合材料的压缩强度降低。

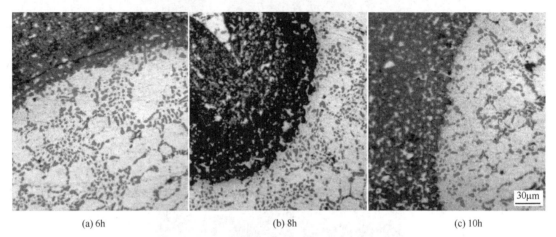

(a) 6h (b) 8h (c) 10h

图 5-12 复合材料经不同时间的固溶后的组织

（2）等温处理的影响

图 5-13 为 SiC泡沫/Al 双连续相复合材料的压缩应力应变关系。从图中可以看出，弹性阶段与塑性阶段之间出现一个突变点 a，而经过等温处理的复合材料却是由弹性阶段稳定地缓慢过渡到塑性阶段，这可能和复合材料复合成型经历了一个高温到低温的骤变过程有关。在双连续相复合材料中，增强体 SiC 泡沫的热膨胀系数比基体铝合金低，在复合材料成型后会在复合材料界面附近产生很大的残余热应力。当残余应力超过基体的屈服强度时，会在靠近界面的基体微区内引发微塑性变形，产生高密度位错。这些高密度位错往往分布不均匀，交织在一起形成一种胞状结构的位错胞，位错胞内的位错密度较低，胞壁的位错密度很高而

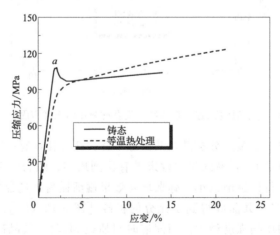

图 5-13 等温处理对 SiC泡沫/Al 双连续相复合材料的压缩应力应变关系的影响

且相互缠结。在受到压缩载荷时，复合材料的微裂纹首先在泡沫筋中孔洞缺陷薄弱部位产生，然后向界面扩展延伸。裂纹在扩张过程中，受到复合材料界面附近位错胞的阻碍。随着压缩应变的增大，裂纹尖端的应力集中加剧；界面附近的基体中位错密度也增加，位错胞阻碍材料流变变形的能力增强，应力应变曲线表现为向上攀升。当裂纹尖端的应力大于位错胞的流变抗力时，微观裂纹突破位错胞（曲线突过突变点 a），向远离界面的中心基体推移。由于基体中位错密度逐渐减小，基体的流变抗力也慢慢减小，因此复合材料的承载能力逐渐下降，并趋向稳定。

　　铸态双连续相复合材料经过等温热处理后，复合材料内的残余应力大大降低，位错密度减小，残留的位错对复合材料的压缩行为的影响比较小，在压缩流变应力的作用下很容易产生滑移，不会影响复合材料的压缩应力应变曲线的形状，所以经等温热处理的复合材料，其应力应变曲线上没有突变尖点。等温处理不但改变了复合材料的应力应变关系图的形状，还降低了复合材料的屈服强度（图 5-14），其中以表面涂覆 K_2ZrF_6 的复合材料的屈服强度下降最显著。经过等温热处理后，复合材料的屈服强度从铸态的 157MPa 降低到 104MPa，下降了约 34%。原始泡沫增强的复合材料屈服强度变化最不明显，这可能与复合材料的界面结合有关。复合材料的界面结合越好，界面结合力越大，界面对基体变形的制约作用越强，界面微区的基体中残余应力就越大，位错密度越高。由于泡沫表面涂覆 K_2ZrF_6 的复合材料界面结合最好，原始泡沫增强的复合材料的界面结合最差，因此经过等温热处理后，界面结合强的复合材料屈服强度降低最显著，原始泡沫增强的复合材料变化不大。

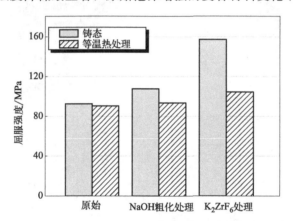

图 5-14　等温热处理对复合材料的屈服强度的影响

（3）热循环的影响

　　图 5-15 为双连续相复合材料的压缩性能与热循环次数的关系。可以看出，当热循环的上限温度为 150℃时，热循环对复合材料的压缩强度和屈服强度没有影响。当热循环的上限温度提高到 220℃和 300℃时，随着热循环次数的增加，复合材料的压缩强度和屈服强度都逐渐减小，在循环次数大于 50 时，材料的断裂强度和屈服强度减小的速度明显缓慢，材料的强度趋于稳定。而且，热循环的上限温度越高，随着热循环次数增加，复合材料的强度降低得越快，这可能与热循环过程中复合材料的残余应力和基体中位错密度的变化有关。一般地说，复合材料中的微观应力包括热膨胀失配引起的热应力和松弛位错应力两部分，热应力是两相晶格弹性共格失配造成的，它在循环过程中的变化是可逆的。在 SiC/Al 体系中，组元 SiC 和 Al 的热膨胀系数差别很大，当外界温度变化时，在复合材料中就会产生热残余应

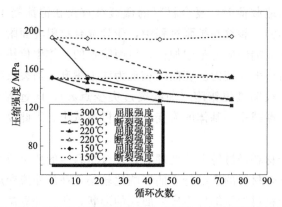

图 5-15　复合材料的压缩断裂强度和屈服强度与热循环次数的关系

力，且铝合金基体上为拉应力，SiC 泡沫筋上为压应力。松弛位错应力取决于循环过程中位错移动松弛，热循环上限温度较高且保温时间较长有利于位错回复，位错运动到基体晶界及亚晶界消失或异号位错相遇湮灭，产生位错松弛，位错密度降低，复合材料基体中残余应力下降。复合材料中热残余应力及位错密度的变化极为复杂，当热循环的上限温度为 300℃时，基体中的可动位错容易在热应力驱动下发生滑移，界面附近的基体中可动位错的密度大大降低，但复合材料界面结合没有受到热循环的影响（图 5-16），因此复合材料强度降低幅度

(a) 原始

(b) 热循环后(300℃，75次)

图 5-16　SiC/Al 双连续相复合材料的界面

较大，减小的速度较快。当热循环的上限温度为150℃时，复合材料储存的能量，还不能促使位错产生大量滑移，界面附近基体中的位错基本没有变化，所以复合材料的强度没有变化。

当热循环次数大于50次以后，循环次数继续增加，不同循环温度下的复合材料压缩强度均保持不变，这主要和循环过程中位错密度变化有关。在循环初期，复合材料中的可动位错随着循环逐渐开动，位错密度渐渐减小，材料的强度逐渐降低。当循环增加到一定次数时，复合材料中可动位错已经全部开动，剩余位错保持不变，所以复合材料的强度不再降低。

5.3　SiC泡沫/SiC$_p$/Al 混杂双连续相复合材料的力学性能

（1）浇注温度对压缩性能的影响

实验用的 SiC 泡沫增强体的体积分数为 28%，SiC 颗粒由郑州黄河砂轮厂提供，直径为 15 μm，基体为工业纯铝。采用传统的挤压铸造法制备复合材料，主要工艺参数：泡沫增强体预热温度为 800℃，保压时间为 45s，复合压力为 120MPa，浇注温度分别为 720℃、750℃、780℃和810℃，模具预热温度为 250～300℃。

① 压缩性能。SiC泡沫/SiC$_p$/Al 混杂双连续相复合材料由基体纯铝和增强体 SiC 构成，增强体 SiC 以泡沫和颗粒两种形式存在。材料在承受外来载荷时，SiC 泡沫既可以传递载荷也可以承受载荷，而 SiC 颗粒只可以传递载荷。图 5-17 为复合材料的压缩应力应变，从图中可以看出，随着金属基体浇注温度的升高，复合材料的应力应变曲线在线性阶段基本重合，即复合材料的弹性模量基本不变。这主要是由于在复合材料的弹性变形阶段，材料的压缩载荷主要由碳化硅泡沫和 SiC$_p$/Al 复合基体共同承担。由于在弹性变形阶段复合材料并没有受到破坏，因此材料的增强体、基体和界面都保持完好无损，增强体和基体保持等应变的协同形变。虽然材料的浇注温度不同，但是复合材料中的碳化硅泡沫增强体相同，SiC 颗粒在基体中的分布也相同（图 5-18）。从图 5-18 可以看出，在不同浇注温度下复合基体没有明显的变化。复合基体中 SiC 颗粒分布均匀，没有明显的团聚。碳化硅颗粒呈长条形和多边形存在，其中多边形颗粒为主。在不同的浇注温度下，合金基体充分浸渗了碳化硅颗粒，在颗粒尖角处没有浸渗缺陷。碳化硅颗粒与纯铝基体之间的结合良好，形成了真正连续的界面。

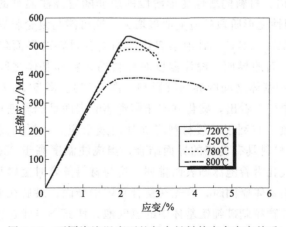

图 5-17　不同浇注温度下的复合材料的应力应变关系

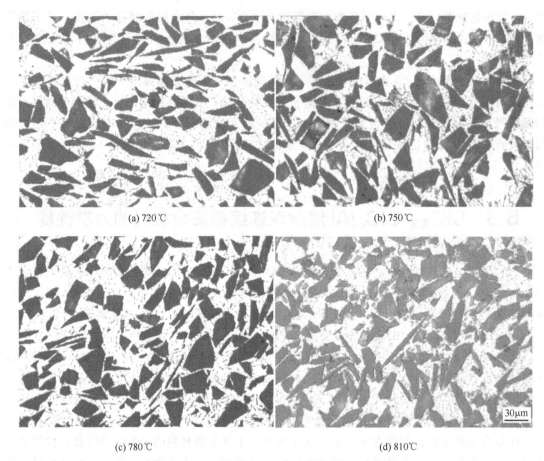

(a) 720℃　　　　　　　　　　　　(b) 750℃

(c) 780℃　　　　　　　　　　　　(d) 810℃

图 5-18　不同浇注温度下复合材料中的 SiC 颗粒

在碳化硅颗粒之间存在细小的杆状碳化硅，这些细小碳化硅在材料复合以前，吸附在多边形碳化硅颗粒表面。在铝液浸渗预制体时，细小颗粒受到铝液冲刷而脱离多边形碳化硅颗粒，悬浮在铝液中。在铝液凝固后，细小颗粒就镶嵌在纯铝基体中。由于复合材料中各相分布基本相同，复合材料的弹性阶段的形变曲线十分吻合。随着材料进一步变形，复合材料进入了塑性变形阶段（曲线中近似平台部分）。

从图 5-17 可以看出，材料的塑性变形阶段的应变随着浇注温度的升高而缓慢增加，当温度高于 780℃时，塑性变形阶段的应变明显增大。这可能与复合材料泡沫筋与基体的宏观界面附近气孔有关。$SiC_{泡沫}/SiC_p/Al$ 混杂双连续相复合材料的界面包括泡沫筋和基体之间的界面、颗粒和基体之间的界面。浇注温度对材料的颗粒和基体之间的界面没有影响（图5-18），但是对泡沫筋和基体之间的界面有影响（图5-19）。图 5-19 为复合材料中泡沫和基体之间的界面，从图中可以看出，碳化硅泡沫陶瓷筋的表面呈珊瑚礁状连通的网络结构，材料复合后形成梯度过渡，有利于减缓材料界面处的残余应力，提高复合材料界面结合。在780℃以下浇注的复合材料具有良好的界面结合，当浇注温度高于 780℃时，材料的界面处聚集了大量的气孔，气孔沿着泡沫筋表面排列，这与材料复合时金属基体的凝固顺序和基体中的氢含量有关。纯铝基体凝固时，首先在复合基体中凝固，最后在泡沫界面处凝固。纯铝基体在浸渗时，碳化硅颗粒刺破纯铝基体中的氢气泡，使其不可能在颗粒和基体的界面处形成（图5-18），熔体中的氢只能逸散到泡沫筋表面。如果熔体中的氢含量高到一定的程度，来不及逸散的氢就会在材料中形成气孔。铝液的结构在 780℃发生变化，由原来的类面心立方结构的近程有序，变成类体心立方的近程有序，自由体积增大。熔体相结构的变化，使得熔体中的氢含量随着温度升高而升高，并在 780℃左右存在突变。在 780℃以下，熔体中氢含量几乎不变，超过 780℃后熔体中氢含量逐渐增大。另外，浇注温度过高会加速金属铝液的氧化，增大熔体中氧化铝的含量。金属熔体中一旦出现大量的氧化铝，氧化铝夹杂会吸附氢，使熔体中氢的含量增加，这些氢在降温过程中很难析出。氢是溶解在熔体中气体的主要成分，所以熔体中的气体含量的变化规律与氢相同。塑性变形时，复合材料受到压缩载荷的作用发生塑性流动。材料中的气孔（图 5-19）正好为材料流动提供了空间，减小了内应力，增加了材料的韧性。因此，材料的塑性应变随着浇注温度升高而增大。

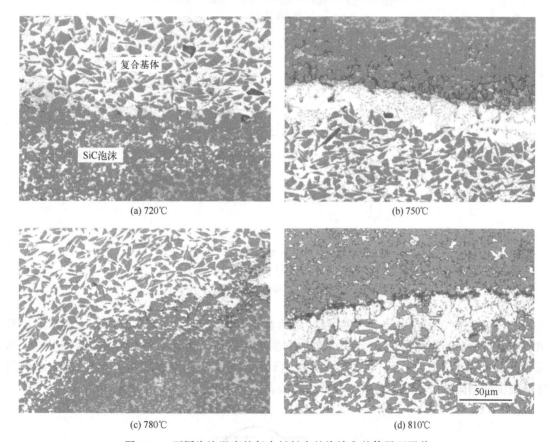

(a) 720℃

(b) 750℃

(c) 780℃

(d) 810℃

图 5-19　不同浇注温度的复合材料中的泡沫和基体界面形貌

　　图 5-20 为复合材料的屈服应力和屈服应变与浇注温度的关系，材料的屈服应力和屈服应变都随着基体金属纯铝的浇注温度升高而降低。当浇注温度低于 780℃时，材料的屈服应力和屈服应变降低的幅度比较小；当温度超过 780℃时，幅度突然加大。这主要是因为浇注温度升高后，纯铝基体中气体的含量增大，特别是温度达到 810℃时，材料中气体的含量陡然增加。材料复合成型时溶解在铝液中的气体没有完全析出，在材料中留有气孔，从而降低了材料的密度（图 5-21）。材料中的气孔基本上存在于复合材料中泡沫筋和基体之间的界面处（图 5-19），削弱了泡沫筋与基体的界面结合。在复合材料承受载荷时，气泡引诱界面开裂。泡沫和基体之间的界面开裂到一定程度时，泡沫陶瓷骨架增强体开始断裂，材料开始屈服。材料中的气孔越多，界面越容易开裂，材料保持弹性的时间越短，材料的屈服应变就越小。

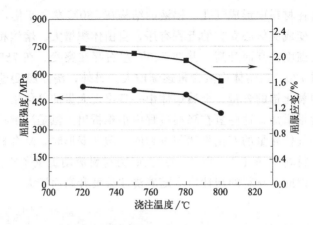

图 5-20　复合材料的屈服应力和屈服应变与浇注温度的关系

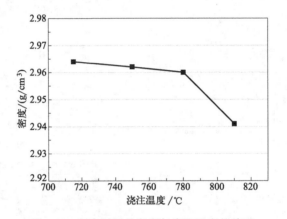

图 5-21　复合材料的密度与浇注温度的关系

② 弯曲强度。图 5-22 为复合材料的弯曲强度与浇注温度的关系曲线。从图中可以看出，在复合材料的浇注温度低于 770℃ 时，材料的弯曲强度随着浇注温度的升高而升高。当浇注温度为 770℃ 时，复合材料的弯曲强度达到最大值。当浇注温度高于 770℃ 时，材料的弯曲强度渐渐降低，这与复合材料的界面有关。

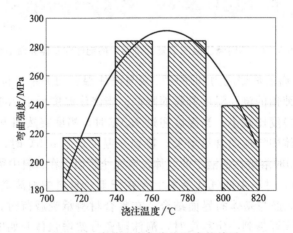

图 5-22　弯曲强度与浇注温度的关系

图 5-23 为 SiC泡沫/SiC$_p$/Al 混杂双连续相复合材料的断口形貌。从图中可以看出，复合材料弯曲断裂时，浇注温度为 720℃的复合材料的断口中保留了完整的泡沫筋表面［图 5-23（a）］，筋的珊瑚状表面镶嵌了大量的韧窝状纯铝基体（图 5-24），这使得泡沫筋表面具有和 SiC$_p$/Al 相似的形貌。这可能是由于材料的浇注温度较低，纯铝和 SiC 润湿性较差，泡沫/基体界面的表面积较小，界面结合相对较弱。断口中泡沫筋的表面含有大量的铝，材料断裂时，纯铝没有从珊瑚界面内拔出，仍然残留在微孔洞中。筋的表面为珊瑚状的多孔结构，铝液浸渗后界面成为了互穿式结构界面。

当浇注温度为 750℃时，SiC 泡沫筋沿着轴向从中间劈开，筋的横断面表现为整齐的脆性断裂特征，复合材料中泡沫和基体之间的界面良好［图 5-23（c）、（d）］。这是因为 SiC 和

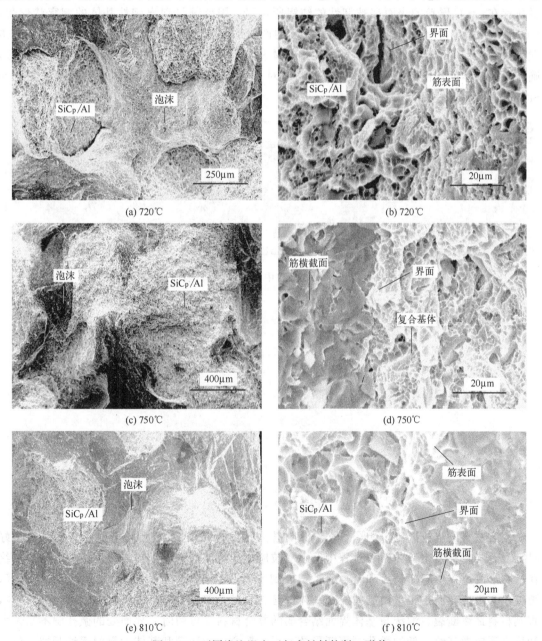

图 5-23　不同浇注温度下复合材料的断口形貌

纯铝在该温度下具有良好的压力浸渗性，优异的强制润湿性（铝液在压力下和 SiC 之间的润湿），再加上 SiC 泡沫筋具有独特的珊瑚结构，这使得复合材料的泡沫/基体界面结合优异，因此在该温度下浇注的复合材料具有较高的弯曲强度。当浇注温度为 810℃时，材料基本上是从 SiC 泡沫筋的中间劈开，展现为泡沫筋横断面的脆性断裂形貌，但也有泡沫/基体界面撕开的痕迹，露出了泡沫筋的部分表面 ［图 5-23（e）、(f)］。这是因为浇注温度越高，基体和增强体的强制润湿性越好，但材料中的气孔也增多，这些气孔集聚在泡沫与基体界面附近，含有气孔的界面容易被撕裂。因此，尽管在该温度下浇注的材料具有良好的界面，但界面附近的气孔却降低了材料的弯曲强度。

图 5-25 为复合材料断口中 SiC_p/Al 的形貌，从图中可以看出复合基体中没有裸露的 SiC 颗粒存在，SiC 颗粒的表面都被韧性的纯铝所包裹，因此都呈现出韧性基体的韧窝状形貌，SiC_p/Al 界面也没有任何开裂的现象。韧窝的产生是由于材料承受拉应力的作用下，铝基体发生大的塑性变形，最后 SiC 颗粒与纯铝基体从界面脱离，复合材料中 SiC_p/Al 界面良好，确保了铝基体的塑性断裂。因此，浇注温度对 SiC_p/Al 界面没有影响，弯曲强度的变化和 SiC_p/Al 界面没有关系。

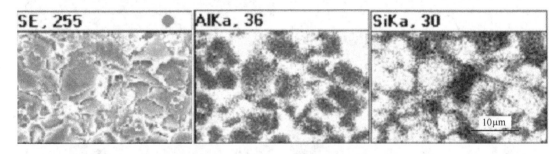

图 5-24　复合材料断口中 SiC 泡沫筋的表面扫描

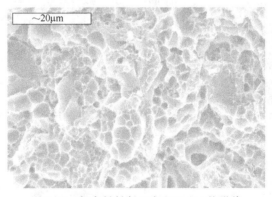

图 5-25　复合材料断口中 SiC_p/Al 的形貌

复合材料的浇注温度影响了 SiC 泡沫与基体界面的结合，SiC 泡沫与基体界面结合良好时，复合材料在发生弯曲断裂过程中，承受拉应力的泡沫筋的内部首先产生微裂纹，微裂纹在材料形变过程中不断长大和聚合后，扩展到 SiC 泡沫与基体界面处，由于界面结合良好，裂纹不会沿着界面扩张，而是向复合基体中延伸，然后裂纹穿过 SiC 颗粒增强铝复合材料，直到材料最终断裂。泡沫与基体界面结合弱的复合材料在弯曲时，界面处的微孔洞不断长大和聚合形成微裂纹；新的微孔洞不断形核、长大聚合，泡沫筋和基体的界面逐渐开裂，最终材料失效断裂。聚集在界面附近的气孔也会影响材料断裂，该类材料弯曲变形时，首先在泡沫筋的内部产生裂纹，裂纹聚集长大后扩展到界面处，当界面附近有气孔聚集时，裂纹就会向气孔处偏转，气孔周围的界面就会脱离，裂纹前端扩张到强界面处时，裂纹就会重新折向铝基体，然后裂纹继续向基体中扩张，直到材料破坏。

随着浇注温度升高，泡沫筋与基体界面结合加强，界面附近的气孔也增多。界面结合和气孔共同影响着复合材料的弯曲性能和断裂机制。泡沫和基体之间的强界面结合使弯曲强度增加，气孔增多使得材料弯曲强度下降。在浇注温度低于770℃时，材料中的气孔增加缓慢，界面结合对材料的影响起主要作用，材料的弯曲强度增加。浇注温度高于770℃时，材料中气孔急剧增加，气孔对材料影响占主导地位，材料弯曲强度下降。

（2）基体对复合材料压缩行为的影响

从图 5-26 可以看出，以脆性铝合金 ZL109 为基体的复合材料的压缩强度和弹性模量都比以纯铝为基体的复合材料高，前者的韧性比后者低，但是两种材料开始屈服时的应变数值相差不大。其原因是，与纯铝比较，ZL109 合金的强度很高，韧性很低，因此以脆性铝合金为基体的复合材料强度高；同时，复合材料强度和韧性的差别还与材料的承载失效过程有关，SiC 泡沫和颗粒混合增强的复合材料在承受压缩载荷时，具有承载能力的组分包括 SiC 泡沫、SiC 颗粒和基体合金，其中 SiC 颗粒由于其弥散分布的不连续性，承载能力较低[3]，因此主要承载者为 SiC 泡沫和基体合金。在加载初期，复合材料整体发生弹性应变，由于纯铝的弹性模量很低，以纯铝为基体的复合材料的刚性比以 ZL109 为基体的复合材料低。因为泡沫筋的宏观尺寸比较大，泡沫筋含有大量的烧结缺陷，泡沫筋的强度比碳化硅颗粒低得多，微裂纹先在泡沫筋中产生，复合材料表现为开始屈服变形。因此，整个复合材料的塑性屈服应变主要受泡沫筋的影响，材料的屈服应变大致相同。

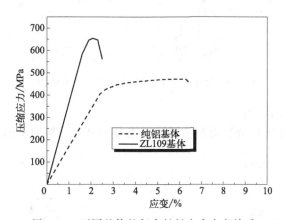

图 5-26　不同基体的复合材料应力应变关系

在材料的形变过程中，微裂纹不断地长大和聚合，韧性基体纯铝阻碍了微裂纹的扩张，使裂纹发生偏转，从一个平面攀移到另一个平面，使得泡沫筋的断裂面呈现多个平面［图 5-27（a）］。方向垂直于裂纹的韧性基体对泡沫筋还有桥联作用，韧性金属韧化了泡沫筋，延缓了微裂纹的扩张，增加了材料的失效应变。裂纹扩张到泡沫筋的表面时，由于界面的结合良好，裂纹不会沿着界面扩张使界面产生开裂［图 5-27（b）］，而是向泡沫孔中的基体内延伸，并穿过基体，直到材料断裂。具有韧性的基体金属呈现典型的韧窝状［图 5-27（c）］，在材料失效前发生了大量的塑性变形。脆性金属 ZL109 基体增强的复合材料，断裂时却没

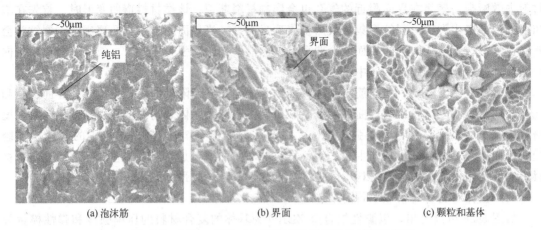

图 5-27   SiC$_{泡沫}$/SiC$_p$/Al 混杂双连续相复合材料的断口

有出现大量的韧窝（图 5-28）。这表明，在这类复合材料变形时，基体金属既不能使泡沫筋韧化，也不能使复合材料保持良好的塑性，复合材料表现出较差的塑性。

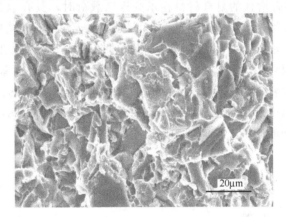

图 5-28   泡沫孔中 SiC 颗粒和 ZL109 基体断口

（3）SiC 体积分数的影响

图 5-29 为 SiC 的总体积分数对混杂增强双连续相复合材料的压缩应力应变关系的影响。

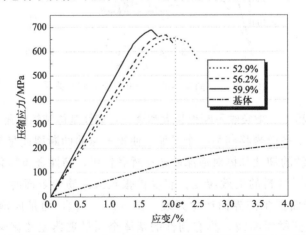

图 5-29   SiC 体积分数对 SiC$_{泡沫}$/SiC$_p$/Al 混杂双连续相复合材料应力应变关系的影响

可以看出，随着碳化硅体积分数的增大，复合材料弹性模量慢慢增大，压缩强度逐渐增大，压缩应变渐渐减小。当 SiC 的体积分数为 52.9%～59.9% 时，复合材料的压缩强度都比基体高出 3 倍（基体的强度为复合材料最大的压缩应变 ε^* 相对应的应力值，约为 150MPa）。在混合增强的复合材料中，SiC 泡沫的体积分数控制着复合材料中 SiC 增强体的总体积分数。当 SiC 泡沫体积分数增大时，SiC 总体积分数增大，泡沫筋变粗大（图 5-30），SiC 泡沫的强度和刚度增大，因此复合材料刚性增强，压缩强度提高。

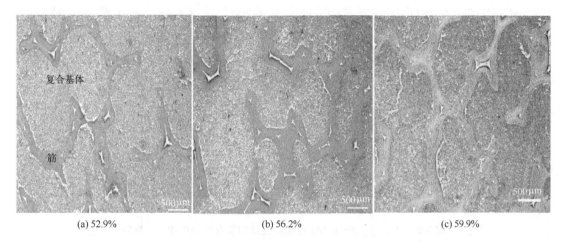

(a) 52.9%　　　　　　　(b) 56.2%　　　　　　　(c) 59.9%

图 5-30　不同 SiC 增强体体积分数下 $SiC_{泡沫}/SiC_p/Al$ 混杂双连续相复合材料的宏观形貌

（4）SiC 颗粒尺寸对复合材料力学性能的影响

① 压缩性能。随着 SiC 颗粒尺寸的增加，混杂增强双连续相铝基复合材料的压缩强度减小（图 5-31），当 SiC 颗粒尺寸小于 15μm 时，压缩强度缓慢减小；而当尺寸大于 15μm 时，材料的压缩强度减小加剧。其原因是颗粒对复合材料的增强机制，一方面颗粒通过界面剪切由基体向增强体传递载荷而使增强体承载，另一方面颗粒通过与基体之间热物理性能和化学性能的差异，改变基体微观结构或变形模式来间接增强。当 SiC 颗粒的尺寸增大时，总表面积减少，颗粒传递载荷的能力下降，使复合材料的压缩强度降低。颗粒尺寸的增大还使颗粒本身的缺陷增多，使颗粒在较小的应力下破裂，从而降低了复合材料的压缩强度。

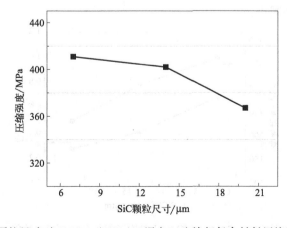

图 5-31　颗粒尺寸对 $SiC_{泡沫}/SiC_p/Al$ 混杂双连续相复合材料压缩强度的影响

另外，由于 SiC 颗粒是通过震动法加入 SiC 泡沫孔中的，SiC 颗粒在泡沫孔中各向同性分布，因此 SiC 颗粒的尺寸越大，颗粒之间由于排列方向不同产生的空隙越大，颗粒越不容易通过振动致密，颗粒间距就越大（图 5-32）。颗粒间距越大，金属基体中的位错与 SiC 颗粒的相互作用减弱，基体中的应变硬化减弱，颗粒的奥罗万（Orowan）强化作用减弱，复合材料的强度随颗粒平均间距的增大而减小。因此，颗粒的尺寸越大，其增强效果越差，复合材料的强度越低。

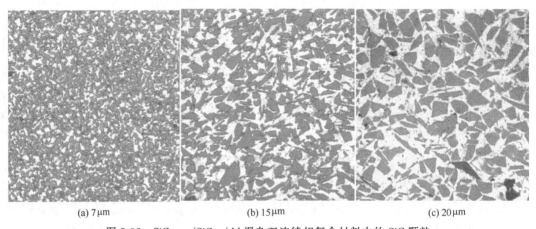

(a) 7μm　　　　　　　　(b) 15μm　　　　　　　　(c) 20μm

图 5-32　SiC _{泡沫}/SiCp /Al 混杂双连续相复合材料中的 SiC 颗粒

② 弯曲性能。从图 5-33 可以看出，复合材料的弯曲强度和最大弯曲挠度均随着 SiC 颗粒尺寸的增大而减小，其主要原因是随着颗粒尺寸增大，SiC 颗粒强度降低。在材料的弯曲过程中，如果颗粒与金属铝之间的界面结合较弱，材料内部的微裂纹首先在界面附近形成。如果界面结合强，微裂纹将优先在颗粒内部产生。在不同 SiC 颗粒增强复合材料的基体断口上，SiC 颗粒大都发生穿晶断裂，颗粒从金属中拔出的比较少（图 5-34），因此复合材料中 SiC 颗粒与金属铝之间的界面结合比较好，材料在弯曲断裂时在颗粒内部先形成裂纹。因此，SiC 颗粒的尺寸越大，材料的弯曲强度越低。另外，SiC 颗粒的尺寸越大，颗粒之间的间距越大，金属铝受到的塑性约束作用越小，金属中的小孔洞越容易聚集成大孔洞。在弯曲变形过程中，金属基体发生一定的塑性变形后，会产生一定大小和数量的微观孔洞，这些孔洞在约束弱的地方聚集长大，引起材料失效。因此，随着 SiC 颗粒的尺寸增大，复合材料的弯曲强度和弯曲挠度都减小。

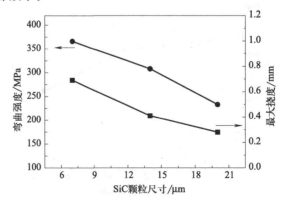

图 5-33　SiC_{泡沫}/SiC_p/Al 双连续相复合材料弯曲性能

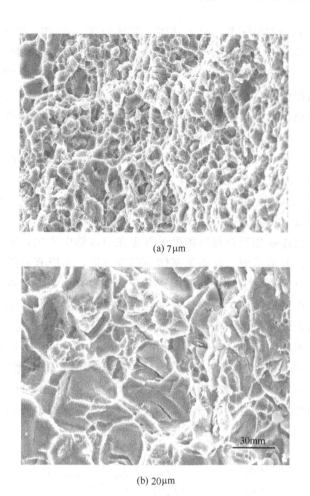

(a) 7μm

(b) 20μm

图 5-34　不同 SiC 颗粒增强复合材料的基体断口

（5）双连续相复合材料的高温力学性能[23]

图 5-35 是复合材料压缩强度随温度变化的曲线，其中复合材料压缩强度取应力最大值，基体铝合金压缩强度为应变 4％（复合材料断裂时应变）对应的应力值。随着温度升高，复合材料压缩强度逐渐下降；随着增强体体积分数增加，复合材料压缩强度提高。当测试温度由室温升高到 500℃时，增强体体积分数为 35％和 50％的 SiC泡沫/Al 双连续相复合材料的

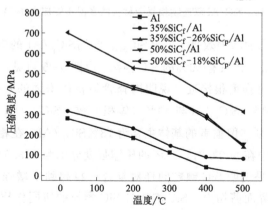

图 5-35　ZL101 铝合金及 SiC泡沫/Al 双连续相复合材料的压缩强度随温度变化曲线

压缩强度，分别由 314.97MPa 和 541.62MPa 下降到 83.03MPa 和 142.64MPa，而基体 ZL101 铝合金的压缩强度则由 279.46MPa 下降到 9.64MPa，三种材料的压缩强度下降比例 分别是 73.64%、73.66%和 96.55%。在 500℃高温条件下，双连续相复合材料的压缩强度 的保持率较好，且两种体积分数的压缩强度保持率基本相同；基体合金压缩强度衰退最显 著，基本上丧失了承载能力。这主要和双连续相复合材料独特的结构有关，SiC 泡沫增强体 利用其独特的三维连通网络结构，每根泡沫筋都能够协同承载，整个泡沫增强体具有良好的 压力承载能力。在温度升高时，SiC 陶瓷强度降低比较缓慢，在高温下 SiC 泡沫增强体仍然 能够承受一定的压力，此时复合材料中的泡沫增强体还具有良好的承载能力；同时，SiC 泡 沫在高温下还能够阻止基体合金的流动，提升基体的承载能力。所以，双连续相复合材料在 高温下具有较好的强度保持能力。

在压缩过程中，双连续相复合材料的失效首先在泡沫筋中发生，宏观裂纹在较脆的泡沫 筋上产生，然后迅速向基体扩展。高温下基体的强度很低，不能有效阻碍裂纹的扩展，因此 泡沫筋断裂后，复合材料同时失效，双连续相复合材料的失效主要受连续增强体影响。由于 泡沫增强体的二维连通网络结构，增强体在复合材料中保持整体刚性结构，压缩过程中泡沫 筋同时受力，泡沫筋失效断裂属于典型的脆性材料特征。由于 SiC 泡沫整体属于脆性材料， 对于没有明显制造缺陷的泡沫整体失效应变相同，所以压缩过程中不同增强体体积分数的复 合材料的失效应变也基本相同（图 5-36）。脆性材料压缩时，随着泡沫增强体体积分数增 加，泡沫筋尺寸变大，泡沫筋的承载能力增强，在相同应变时泡沫筋可以承受更大的载荷， 所以增强体体积分数较大的复合材料的承载能力增强，强度保持率相同。

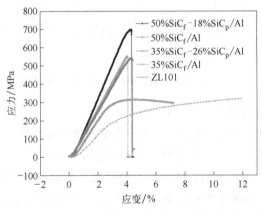

图 5-36 SiC/Al 双连续相复合材料的室温压缩应力-应变曲线

对于不同增强体形态的增强效果，35%SiC泡沫-26%SiCp/Al 的陶瓷总体积分数为 61%， 50%（体积分数）SiC泡沫/Al 只有 50%的 SiC 泡沫，由图 5-35 可见，当测试温度由室温上升 到 500℃ 时，二者的压缩强度很接近，说明陶瓷骨架整体增强的效果好于陶瓷颗粒弥散增 强的效果。50%SiC泡沫-18%SiCp/Al 与 50%（体积分数）SiC泡沫/Al 比较，复合材料中 SiC 泡沫的体积分数均为 50%，但前者的基体主要为 18%SiCp/Al，在相同测试温度下，前者的 抗压强度高于后者，其中在 500℃时，二者的压缩强度分别为 313.61MPa、152.39MPa，相 差 161.22MPa。这一结果说明 SiC 颗粒同样对复合材料起到了增强作用，其增强机制来自 于陶瓷颗粒与铝合金的界面剪切力。SiC 泡沫与 SiC 颗粒的协同作用使复合材料的抗压强度 得到明显的提高。在高温条件下，泡沫陶瓷一方面起到承载作用，对基体铝合金起到整体增强作用；另一方面约束基体合金塑性变形，限制了 SiC 颗粒随基体塑性流动，提高了 SiC 颗粒的增强作用，泡沫陶瓷的整体增强作用高于陶瓷颗粒的弥散增强作用。SiC 颗粒有两方面作用：一是对铝合金基体弥散强化作用；另一方面调节铝合金的膨胀系数，降低铝合金与泡沫筋的膨胀系数差异，改善泡沫筋与基体的界面结合，使复合材料保持较高的抗压强度。由 SiC_p/Al 复合材料室温条件下的应力-应变曲线（图 5-36）可以看到：在达到压缩强度最大值前，复合材料均具有较大应变率，说明铝合金起到了增韧作用。35％$SiC_{泡沫}$/Al 中泡沫增强体体积分数较低，随着应变进一步增大，复合材料并未完全失效，其金属特征表现得较明显。而当复合材料中陶瓷的体积分数达到并超过 50％，当超过最大抗压强度失效时，表现出较为明显的脆性材料失效特征。

5.4　SiC$_{泡沫}$/Al 双连续相复合材料的压缩断裂机制

（1）脆性基体复合材料

在受到压缩载荷时，SiC 泡沫增强脆性铝硅合金（ZL109）双连续相复合材料表现为脆性断裂，产生的滑移角（破坏断面的法线与加载轴线之间的夹角）约为 53°［图 5-37（a）］，与传统的单一合金的滑移角（45°～55°）基本吻合。但是，与单一合金材料明显不同，复合

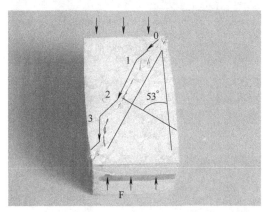

(a) ZL109

(b) 纯铝

图 5-37　基体对 SiC$_{泡沫}$/Al 复合材料断裂机制的影响

材料的滑移面不是平面。这可能是 SiC 泡沫增强体对铝合金基体塑性流变限制的结果，也是以泡沫陶瓷为增强体的复合材料压缩变形的典型特征。复合材料在承受压缩变形时，首先在其边、角等容易产生应力集中的区域［如图 5-37（a）中的 0 处］产生微观裂纹，随着变形的继续，微观裂纹不断扩展，当微裂纹遇到含有微缺陷的泡沫筋时，微裂纹将穿过泡沫筋，使泡沫筋产生穿晶断裂。裂纹通过复合材料界面后，延伸到脆性基体内，剪切应力使脆性基体内部发生明显的剪切滑移，留下清晰的滑移带（图 5-38）。由于脆性基体韧性差，不能对材料中的裂纹起到桥接韧化作用，从而加速了材料的失效过程。脆性基体遇到由界面扩张的裂纹时，迅速破坏。当微裂纹扩展到具有较高强度的泡沫筋表面（复合材料宏观界面）时，通过攀移绕过强度较高的泡沫筋，扩展到与已经滑移的断裂面相平行的基体平面中，从而使材料的滑移面完成了从一个平面跃迁到另一平面的过程［图 5-37（a）中的 1—2—3］。由于增强体泡沫孔径为毫米级，泡沫筋的直径尺寸也在毫米级范围内，这使得材料的滑移表现出明显的起伏性。SiC 泡沫和复合材料在三维方向上都表现为近似各向同性，在材料的滑移方向上复合材料内部承受的剪切应力最大。因此，复合材料的滑移方向总体上没有改变。

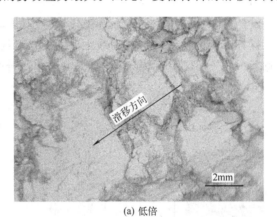

(a) 低倍

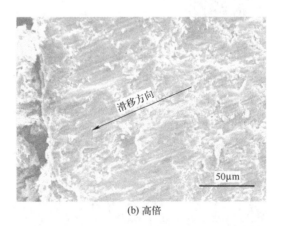

(b) 高倍

图 5-38　复合材料的压缩断口

（2）韧性基体复合材料

在承受压缩载荷时，以纯铝为基体的复合材料没有明显的滑移断裂面［图 5-37（b）］，材料的破坏形式主要是 SiC 泡沫筋的穿晶断裂。该类复合材料在产生压缩流变时，在塑性变形初期泡沫筋内部有微裂纹萌生，当裂纹扩展到复合材料的界面时，韧性基体纯铝对微裂纹有桥接韧化作用，使微裂纹偏转到脆性的陶瓷筋中，继续沿着泡沫筋扩展。于是，泡沫筋在内摩擦的作用下产生碎裂。由于纯铝基体在三维方向上保持良好的连续性，仍然可以继续承受载荷，复合材料在宏观性能上还没有破坏的迹象，材料在形貌上也没有明显破坏的滑移面，表现为韧性材料的压缩特征。

5.5　SiC泡沫/Al 双连续相复合材料的摩擦学性能[24]

在工业生产和国民经济发展过程中，零件的摩擦磨损一直是能源、材料消耗和设备失效的重要因素，各种产品的失效有一半都来自于摩擦磨损消耗。摩擦磨损不仅耗费大量资源，还会引起结构件的破坏失效，因此使用成本低廉、耐磨性强的材料具有重要意义。复合材料的耐磨性一般都较高，主要是因为材料中的增强相强化了基体金属，改变其磨损形式，并承担部分摩擦作用，保护了基体金属。在不同形态增强体的复合材料中，连续增强相对基体的耐磨性提升最高。颗粒、纤维、晶须等增强的复合材料耐磨性不仅弱于双连续相复合材料，而且磨损过程中的稳定性也较差。

（1）SiC 泡沫增强体的影响

图 5-39 为不同体积分数 SiC 泡沫增强复合材料的摩擦系数。从图中可以看出，铝基体的摩擦系数远远低于复合材料，复合材料中引入三维连通网络结构 SiC 泡沫增强体后，复合材料形成了特殊的双连续相结构，复合材料表面呈现宏观的网络结构。复合材料中 SiC 泡沫增强体的硬度远大于基体铝合金，在摩擦过程中，耐磨泡沫筋会在复合材料表面形成微凸体，尤其在复合材料的泡沫筋界面部位出现泡沫筋突然高于基体，增加了复合材料表面粗糙度，大大增加了摩擦副表面的机械咬合作用，提高了摩擦表面的阻碍效果，因此复合材料的摩擦系数大于铝基体。随着 SiC 泡沫增强体体积分数增大，复合材料表面上界面面积没有明显增加，界面微凸体的阻碍作用变化不大，因此微凸体对后续摩擦系数的提高作用不显著。但是 SiC 体积分数增大会使泡沫筋变粗，增加了摩擦表面 SiC 的面积比，会增加摩擦系数，但增加速度缓慢。

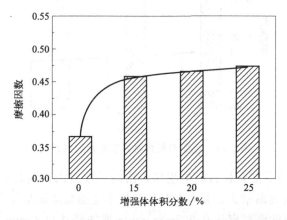

图 5-39　SiC 泡沫增强体体积分数对复合材料摩擦系数的影响

图 5-40 为增强体体积分数对复合材料磨损率的影响，从图中可以看出，随着增强体体积分数增加，复合材料磨损率大幅度降低。基体铝合金的磨损率为 0.0039mm³/min，复合材料的磨损率最低为 0.0015mm³/min，复合材料的磨损率最低为基体的 38%，其原因是三

维连通网络结构的增强体在磨损表面形成的硬微凸体起承担载荷的作用，其独特的三维网络连通结构显著制约基体合金的塑性流动，有效降低了黏着和对偶件对材料表面的犁削作用，同时 SiC 泡沫增强体具有良好的耐磨性，进一步增加了复合材料的耐磨性能。

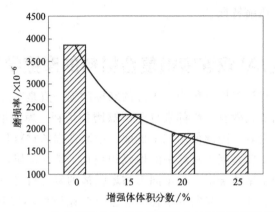

图 5-40   SiC 泡沫增强体体积分数对复合材料磨损率的影响

（2）载荷的影响

图 5-41 为法向载荷对复合材料摩擦系数的影响。由图中可以看出，随着载荷的增大，复合材料和基体合金的摩擦系数都线性降低，且基体合金降低的速度稍快。复合材料在摩擦磨损过程中，随着法向载荷的增大，摩擦面的接触面积也越大，在摩擦作用下，摩擦副表面产生的摩擦热也随之增加，使得摩擦面温度升高，长时间处于高温下局部金属基体会出现软化，具有一定的流动性，起到了良好的润滑效果，摩擦系数下降。载荷越大，摩擦表面温度越高，摩擦系数降低越显著。由于复合材料的摩擦表面上陶瓷增强体不会发生塑性流动，没有高温润滑效果，因此复合材料的摩擦系数降低速度稍小。

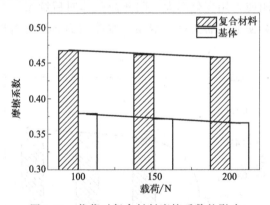

图 5-41   载荷对复合材料摩擦系数的影响

图 5-42 为不同载荷下复合材料的磨损率，由图可以看出，随着载荷增大，复合材料和基体铝合金的磨损率均逐渐增大，复合材料的磨损率增加幅度比基体小。载荷从 100N 增加到 200N 时，复合材料的磨损率从 0.002mm³/min 增加到 0.0023mm³/min，磨损率增加了 15%；而基体铝合金的磨损率从 0.0032mm³/min 增加到 0.0039mm³/min，磨损率增加了 21.9%，基体铝合金磨损率增幅较大。由于复合材料中 SiC 增强体的高耐磨性，在摩擦磨损过程中抵抗磨损消耗能力强，同时三维连通网络结构的增强体有效约束了基体塑性流动，增强体的承载能力也降低了基体合金承受的有效载荷，进一步降低了基体的磨损，所以复合材

料的磨损率要明显低于基体铝合金。随着载荷的增加，摩擦面的热量增多，材料的硬度下降，抵抗塑性变形的能力降低，复合材料和基体合金磨损率会增加。由于复合材料中 SiC 泡沫增强体的整体刚性结构，载荷增大时基体合金承受的分量载荷增加不明显，因此复合材料的磨损率增加幅度较小。

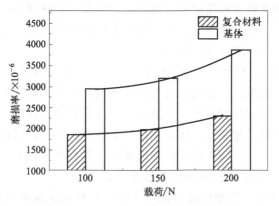

图 5-42　载荷对复合材料磨损率的影响

（3）摩擦速度的影响

随着摩擦速度增加，复合材料和单一基体合金的摩擦系数均降低，基体合金的降低幅度稍大。随着摩擦速度增加，复合材料的磨损率稍微增加，增加幅度很小，磨损率比较稳定，单一基体合金的磨损率明显增加。摩擦速度对材料摩擦磨损性能的影响，实质上可以等效为摩擦副表面温度对材料摩擦学性能的影响。在摩擦速度较高时，在较短时间内复合材料与对磨副接触面上会产生大量热能，使得接触面温度升高较快。温度对复合材料磨损阶段的影响，主要表现在三个方面：一是改变了基体材料的性能，二是磨损面形成表面膜，三是改变了接触面的润滑作用。在较高温度的作用下，铝基体的软化作用更明显，在复合材料中增强体 SiC 泡沫高温性能强，基本没有软化现象，抵抗塑性变形能力强，在磨损面上形成微小的硬凸体，该硬凸体在磨损过程中承担了大部分的磨损消耗，保护了铝基体的磨损消耗，复合材料表现为磨损率较低。而单一铝基体材料软化较严重，甚至会出现局部熔化，从而产生严重的黏着磨损；同时磨损过程中形成的磨屑在磨损面上的转移，会加剧材料的磨损消耗，基体铝合金表现为磨损率较高。

另外，较高的摩擦速度下磨损表面热量堆积严重，从而使得磨损表面易于氧化，在磨损面上形成一层氧化层，在长时间的摩擦磨损过程中，氧化层将会发生硬化并剥落。热量堆积严重时，氧化磨损循环的周期较短，材料在这种机制下不断被磨损消耗。复合材料中 SiC 泡沫增强体抗氧化能力较强，并且能将磨损表面的铝合金基体分隔成不连续的小块区域，减少了氧化磨损作用，因此复合材料磨损率要低于单一铝合金基体材料。在摩擦磨损过程中，磨损表面剥落的磨屑在磨损表面不断移动，较高摩擦速度下磨粒会以较快的速度分布到磨损面上，且磨屑在较高温度下会熔化成一层薄膜，涂敷在磨损表面，润滑了磨损表面，从而降低了摩擦系数。

5.6　本章小结

① 随着 SiC 泡沫预热温度提高，SiC$_{泡沫}$/Al 双连续相复合材料基体的晶粒增大，材料压

缩强度降低，压缩应变减小。

② 泡沫筋具有三明治结构的复合材料压缩强度最大，具有双层结构的复合材料强度最低，具有均匀疏松结构的强度介于两者之间。

③ 随着 SiC 泡沫孔径增大，泡沫筋变粗，增强体泡沫强度增加，$SiC_{泡沫}$/Al 双连续相复合材料的压缩强度、弹性模量和屈服强度都提高，压缩应变率减小。随着泡沫孔径增大，复合材料弯曲强度具有最大值。随着 SiC 泡沫增强体体积分数增大，双连续相复合材料和混杂增强双连续相复合材料的压缩强度都提高，压缩应变降低。

④ T6 热处理使双连续相复合材料基体中第二相共晶硅从粗大针状变成了细小点状，使复合材料的压缩强度显著提高，材料的韧性和刚性稍有降低。随着固溶时间延长，压缩强度降低；时效时间延长，压缩强度降低。等温热处理消除了复合材料从弹性变形到塑性变形的突变，降低了复合材料的压缩强度。随着热循环上限温度提高，复合材料的压缩强度减小的幅度增大，减小的速度提高。随着循环次数的增多，复合材料的压缩强度降低的速度减小。在循环次数大于 50 次后，复合材料的压缩强度不变。

⑤ 随着浇注温度提高，混杂增强双连续相复合材料的压缩强度降低，弯曲强度先升高后降低，弯曲强度在 770℃ 达到最大值。浇注温度提高，材料压缩塑性应变增加，泡沫和基体之间界面结合加强，界面附近气孔增多，温度高于 780℃ 时气孔迅速增多，材料的界面和气孔综合决定了复合材料断裂机制。

⑥ 随着基体韧性提高，混杂增强双连续相复合材料的塑性形变明显增大，但压缩强度和模量降低。随着 SiC 颗粒尺寸增大，SiC 颗粒增强效果减小，混杂增强双连续相复合材料的压缩强度、弯曲强度和最大挠度降低。

⑦ 在承受压缩载荷时，以脆性铝合金为基体的双连续相复合材料中存在着破坏的滑移面，但滑移面不在同一平面，滑移方向与传统的单一合金材料大致相同，材料表现为脆性断裂特征；以韧性纯铝为基体的复合材料表现出韧性材料的压缩行为。

⑧ 通过增强体孔径尺寸的设计、形态调控、体积分数控制、界面结构优化和复合工艺控制，可以实现复合材料力学性能调控。

⑨ 随着摩擦过程载荷增加，复合材料及铝基体材料摩擦系数均降低，磨损量均增大，铝基体的变化幅度要大于复合材料。随着摩擦速度增大，复合材料及铝基体材料摩擦系数均降低，磨损量均增大。

第六章

SiC$_{泡沫}$/SiC$_p$/Al混杂双连续相复合材料的热物理性能

随着航空航天工业、大规模集成电路和军事通信等方面的飞速发展，传统的电子封装材料已经不能满足集成电路的高集成密度、高功率、轻量化等要求，这就要求开发出高导热、低膨胀、低密度的电子封装材料。传统的铝铜电子封装材料具有优异的导热性能，但是其热膨胀系数远大于芯片。这使得它们与电子元器件的匹配性能较差，经受不了热疲劳的冲击，降低电子器件的寿命；Kovar 和 Invar 合金的热膨胀系数低，但是热导率小，密度大，也不能满足现代电子封装的要求。铝基复合材料具有高热导率、低热膨胀系数和密度小等优点，因而作为电子封装材料有广阔的应用前景。

双连续相复合材料的增强体与基体彼此相互贯通，使得增强体各个单元之间有效地相互制约，增强体对基体具有显著的约束作用，使该类复合材料具有比传统弥散增强复合材料更低的热膨胀系数。但是为了保证 SiC 泡沫增强体具有良好的开孔连通性，SiC 增强体体积分数受到一定限制，难以满足电子封装低膨胀的需求。在泡沫孔内添加 SiC$_p$，可以提高复合材料中 SiC 体积分数，获得 SiC$_{泡沫}$/SiC$_p$/Al 混杂双连续相复合材料，该复合材料的热膨胀系数与芯片具有良好的匹配性，本章研究 SiC$_{泡沫}$/SiC$_p$/Al 混杂双连续相复合材料的热物理性能。

6.1 实验方法

实验用原料 SiC 颗粒和 ZL109 基体成分和性能分布如表 6-1 和表 6-2 所示，SiC 颗粒尺寸为 20μm，在泡沫孔中的体积分数为 43%（通过金相分析获得），SiC 泡沫体积分数分别为 16.4%、22.2% 和 28.8%。因此，复合材料中 SiC 总体积分数经叠加计算为 53%、56.2% 和 59.9%。材料复合成型的主要工艺参数为：浇注温度 750℃，模具预热温度 250℃，增强体预热温度 800℃，复合压力 100MPa，保压时间 15s。

采用 DIL402EP（德国 NETZSCH 公司生产）热膨胀仪测量复合材料的热膨胀系数，测量的温度范围为 25～500℃，升温速度为 5℃/min，样品尺寸为 φ8mm×25mm。为了消除系统误差，在相同的条件下用校准样品氧化铝校正热膨胀仪。由于材料的热膨胀系数随着温度变化，材料的膨胀系数通常为 25～100℃数值的平均值。

表 6-1 SiC/Al 复合材料基体的成分

主要元素组成	Si	Cu	Mg	Ni	Al
含量/%	11.8	1.0	1.1	1.0	其余

表 6-2 复合材料中 SiC 颗粒和基体的性能

材料	密度/(g/cm³)	CTE/(×10⁻⁶/℃)	杨氏模量/GPa	剪切模量/GPa	体积模量/GPa	泊松比
SiC	3.18	4.7	450	192	225	0.7
ZL109Al	2.72*	20.8	69	29.7	77.5	0.33

注：* 通过实验获得。

采用动态法测量复合材料的热导率，通过将样品的实际温度变化，与已知比热容的参比样品温度变化相比较，从而测量出材料的比热容。热导率通过采用德国 NETSCH 公司生产的 LFA447Nanoflash™ 闪光导热仪测量得到热扩散系数。导热仪使用氙灯加热源加热样品表面，使用红外探测器读取样品温度的变化，减少了潜在的表面热阻。样品为直径 12.7mm、厚度 2.5mm 的圆片，测量样品的温度范围为 25～200℃。采用 Archimcdcs 法测量复合材料的密度，在测量热扩散系数 α 的同时得到材料的比热容 C_p 数据，通过式（6-1）计算样品的热导率

$$\lambda = \alpha \cdot \rho \cdot C_p \tag{6-1}$$

式中，α 为热扩散系数；ρ 为密度；C_p 为比热容。

6.2 复合材料的热膨胀行为

图 6-1 为 SiC泡沫/SiCp/Al 混杂双连续相复合材料的热膨胀系数（CTE）随着温度变化的曲线。可以看出，复合材料的 CTE 在温度低于 T_1（350～450℃，残余热应力为零）时，随着温度的升高缓慢增大，温度为 T_1 时最大，温度超过 T_1 后逐渐减小。随着 SiC 体积分数增大，CTE 逐渐降低，T_1 值越小。这可能与复合材料中的残余应力松弛和位错滑移有关系。在复合材料制备过程中，金属基体熔体在复合压力的作用下浸渗入刚性的泡沫增强体中，然后随着复合材料温度的逐渐降低，基体慢慢凝固冷却。在基体熔点（约 660℃）以上，基体为流体，不能承受任何应力，复合材料中没有残余热应力。基体凝固结束后，复合

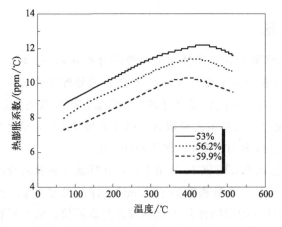

图 6-1 混杂双连续相复合材料的热膨胀系数和温度的关系

材料继续冷却，由于陶瓷与金属之间存在着巨大的热膨胀失配，金属基体热膨胀系数大，基体比陶瓷增强体收缩快，使得金属与陶瓷界面结合处的晶格产生畸变，其结果是在铝合金基体中产生拉应力，在 SiC 陶瓷中产生压应力。复合材料中的残余热应力随着复合材料的冷却继续增大，最后残留在复合材料中。

当温度升高时，复合材料残余热应力逐渐松弛。残余应力松弛的方式大致可分为三种，第一种为局部可动位错的滑移使残余热应力松弛。当复合材料的温度升高时，可动位错具有足够的能量克服位错阻力产生滑移，残余热应力产生松弛；第二种为界面在高温结合处较弱，可能产生滑移；第三种为在残余热应力的作用下基体产生局部塑性流动和塑性蠕变。可见，随着温度的升高，复合材料基体中残余热应力降低，当温度为 T_1 时，残余热应力为零。随着复合材料温度继续升高（$T > T_1$），金属基体比陶瓷增强体膨胀大，在基体中产生压应力。因此，当 $T < T_1$ 时，基体中的拉应力使复合材料产生附加拉应变；当 $T > T_1$ 时，基体中存在附加压应变。由于 SiC 泡沫三维连通网络结构严格制约着基体的热膨胀，基体的附加压应变很快超过了基体的热膨胀，宏观上表现为压应变，复合材料的 CTE 主要受陶瓷增强体影响，复合材料的 CTE 减小[11]。因此，在综合应力的作用下，复合材料的 CTE 曲线在 T_1 时出现峰值。随着 SiC 体积分数的增大，温度点 T_1 向低温推移。在混杂增强复合材料中，SiC 总体积分数的变化是由复合材料中 SiC 泡沫的体积分数调整得到的。泡沫体积分数增大，复合材料中 SiC 总体积分数随之增大。当增强体 SiC 泡沫的宏观孔径不变时，泡沫的体积分数越大，泡沫筋越粗，对铝合金基体的约束能力越强。因此，当温度的变化相同时，SiC 的总体积分数越大，复合材料基体的膨胀越小，克服基体膨胀的压应变越小，所需的温度就越低，温度 T_1 就降低。

人们为了预测金属基复合材料的热膨胀行为，假设复合材料的各边界条件，建立了预测模型。现有的模型包括混合定律（ROM）、Kerner 模型、Turner 模型和 Schapery 模型。但是，这些模型都有一定的局限性。

混合定律：当增强体与基体之间的界面可以任意自由流动时，各组元之间没有任何约束，可以自由流动时，复合材料的 CTE 可用混合定律描述为

$$\alpha_c = \alpha_m V_m + \alpha_r V_r \tag{6-2}$$

式中，α 为材料的 CTE；V 为体积分数，下标 c、m 和 r 分别指复合材料、基体和增强体。该模型没有考虑各组元的形态及各相之间的相互关系。

Kerner 模型：Kerner 模型假定增强体为球状物，并被一层均匀的基体第二相所覆盖，增强体和基体发生整体膨胀，这时复合材料的 CTE 可表示为

$$\alpha_c = V_r \alpha_r + V_m \alpha_m + V_r V_m (\alpha_r - \alpha_m) \times \frac{K_r - K_m}{V_m K_m + V_r K_r + [3K_r K_m / (4G_m)]} \tag{6-3}$$

式中，G 和 K 分别为剪切模量和体模量。

Turner 模型：如果在复合材料的温度变化过程中，各相发生均匀的应变，并且内应力保持平衡，复合材料的 CTE 为

$$\alpha = \frac{\sum\limits_{i}^{n} \alpha_i V_i K_i}{\sum\limits_{i}^{n} V_i K_i} \tag{6-4}$$

Schapery 模型：当考虑到各组元间内应力的相互作用时，复合材料的 CTE 可以表示为

$$\alpha_c = \alpha_r + (\alpha_m - \alpha_r)\frac{(1/K_c)-(1/K_r)}{(1/K_m)-(1/K_r)} \tag{6-5}$$

在该模型中只有热膨胀系数和体模量两个参数，其中 K_c 为

$$K_c^{(+)} = K_m + \frac{V_r}{\dfrac{1}{K_r - K_m} + \dfrac{V_m}{K_m + \dfrac{4}{3}G_m}} \tag{6-6}$$

图 6-2 为混杂双连续相复合材料的膨胀系数和 SiC 体积分数的函数关系曲线。从图中可以看出，随着 SiC 体积分数的增加，复合材料 CTE 的理论计算值和实验测量值都缓慢地减小。颗粒增强复合材料的 CTE 实验值介于 Schapery 模型和 Turner 模型之间，SiC$_{泡沫}$/SiC$_p$ 混杂增强铝基复合材料的 CTE 实验测量值低于现有任何模型（ROM、Kerner、Turner 和 Schapery）给出的计算值。在混杂增强复合材料中，当 SiC 泡沫增强体的体积分数为 16.4％、22.2％和 28.8％时，所对应的 SiC 总体积分数分别为 53％、56.2％和 59.9％，复合材料的 CTE 为 7.7×10^{-6}/℃、7.1×10^{-6}/℃ 和 6.6×10^{-6}/℃。这些结果远低于 SiC 颗粒增强铝基复合材料 CTE 的测量值（当 SiC 颗粒的体积分数为 60％时，颗粒增强铝基复合材料的 CTE 为 9.7×10^{-6}/℃），充分满足了电子封装应用的要求。在 SiC 颗粒增强铝基复合材料中，当复合材料的 CTE 为 8.3×10^{-6}/℃时，增强体的体积分数为 80％；而在混杂增强铝基复合材料中，当复合材料的 CTE 为 7.7×10^{-6}/℃时，SiC 增强体总的体积分数为 53％。在热膨胀性能大致相同的情况下，后者的增强体体积分数至少在 70％以上。混杂增强双连续相复合材料特殊的复式连通结构大大降低了增强体体积分数，有利于复合材料导热性能的进一步提高，大大提升该类材料在电子封装领域的应用前景。

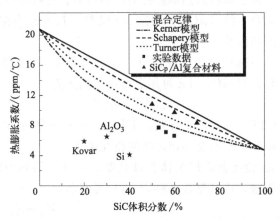

图 6-2　复合材料中 SiC 体积分数和热膨胀系数的关系

混杂增强双连续相复合材料的低膨胀效应与其独特的复式连通结构相关联，在混杂增强铝基复合材料的膨胀过程中，不但增强体各个泡沫孔之间相互制约，增强体 SiC 泡沫的筋也严格地制约着基体的膨胀。这时复合材料的 CTE 与增强体、基体的性能，以及增强体与基体之间的相互作用有关，其中各相之间的制约作用对复合材料的 CTE 影响更大。现有的模型都是以球状物为增强体的单元胞，没有考虑到增强体自身的制约作用以及增强体对基体的强约束效应。球状单元胞之间的作用力很小，且在复合材料膨胀时，球状单元胞增强体随着基体一起推移，单元胞之间的作用力可以忽略不计。对于三维连通网络结构的单元胞，泡沫

筋保持三维连通网络结构，泡沫增强体保持独特的整体刚性结构，泡沫增强体的泡沫孔之间具有显著的相互约束作用，膨胀过程中泡沫增强体不随着基体移动发生位移，而是根据自身的膨胀属性产生尺寸变化；另外混杂增强复合材料中，独特的复式互穿界面结构增加了泡沫增强体对基体的强约束作用。因此，泡沫增强体在复合材料膨胀过程中起主要约束作用，复合材料具有较低的膨胀系数。

图 6-3 为混杂双连续相复合材料的尺寸变化和温度的关系。从图中可以看出，当温度低于 T_1 时，尺寸的变化剧烈增大，当温度高于 T_1 时，尺寸的变化增加缓慢。增强体 SiC 体积分数越大，复合材料的尺寸变化越小，这也与复合材料中的残余应力有关。当复合材料的温度低于基体铝合金的熔点时，基体为弹塑性固体；温度高于熔点时，基体的流动属于黏性流动；温度介于 T_1 和熔点之间时，基体具有黏塑性。而 SiC 陶瓷一直为弹性固体。当温度低于 T_1 时，基体通过位错的滑移和孔穴的湮灭发生应变松弛，增强体与基体之间在局部区域存在弹性应力的平衡，增强体对基体铝合金的约束不明显，基体膨胀显著，复合材料尺寸变化急剧增大。当温度高于 T_1 时，基体发生伪塑性形变，增强体泡沫筋对基体的约束显著增大，基体膨胀受到的约束加强，复合材料的尺寸变化增加缓慢。

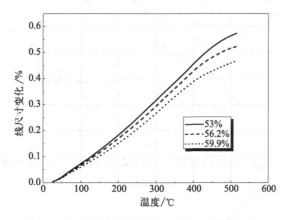

图 6-3　混杂复合材料的尺寸变化和温度的关系

6.3　复合材料的导热性能

图 6-4 为混杂双连续相复合材料的比热容与温度的关系。可以看出，随着温度升高，复合材料比热容缓慢升高；随着增强体 SiC 体积分数增加，复合材料比热容缓慢减小。这可能与复合材料各组元的比热容变化有关。比热容是物体温度升高 1℃所需的能量，固态物体的温度越高，物体中分子运动越剧烈，参与剧烈运动的分子数量越多，参与剧烈运动的分子增加的速度减小。因此，随着温度的升高，物体的比热容增大，增大的速度减小。由于材料的比热容与其结构的关系不大，所以复合材料的比热容也随着温度的升高而增大。复合材料中增强体 SiC 的比热容比基体铝合金大，因此 SiC 体积分数越大复合材料比热容越小。

图 6-5 为 SiC泡沫/SiCp/Al 混杂双连续相复合材料的热扩散系数与温度的关系，图 6-6 为混杂复合材料的热导率与温度的关系，热导率可根据式（6-1）计算得出。从图中可见，随着温度升高，复合材料的热扩散系数缓慢减小，减小的速度越来越小；复合材料的热导率也缓慢减小，但是减小的速度越来越大。随着温度升高，复合材料的比热容缓慢增大，增加的

速度越来越小（图 6-5），这可能与复合材料的组元及其组元的热传导机制有关。材料的导热是一种能量传递现象，不同类的物质传递热量的微观粒子及这些粒子传递热量的方式是不同的。基体金属铝合金中电子间的相互作用或碰撞是导热的主要机制，金属晶格间的声子导热作用比较小，可以忽略不计。金属中电子导热与金属的比热容、电子的平均速度和平均自由程的乘积成正比。当温度为 25～200℃时，电子的自由能决定于自由电子的平均速度，这时温度对它几乎没有影响，因此平均速度和温度变化无关。自由电子的平均自由程的数值，在金属中完全是由电子的散射过程决定的。基体铝合金的自由程受到原子热运动所产生的对于平衡位置的偏移、晶格的弹性畸变、晶界和位错的影响而减小。当温度升高时，原子的热运动加剧，原子对平衡位置的偏移增大，电子的平均自由程减小，但是金属的比热容增大[13]。因此，基体金属的热导率取决于比热容和自由程的综合作用。由于平均自由程对热导率影响显著，随着温度升高，基体铝合金的热扩散系数渐渐减小，热导率慢慢下降。

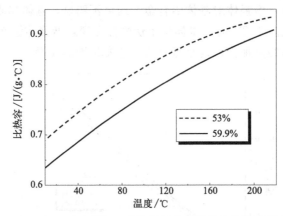

图 6-4　SiC泡沫/SiCp/Al 混杂双连续相复合材料的比热容和温度的关系

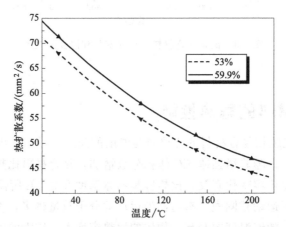

图 6-5　SiC泡沫/SiC$_p$/Al 混杂复合材料的热扩散系数和温度的关系

对于 SiC 无机材料增强体，热量的传导主要靠晶格振动实现，格波的传播过程是声子与声子及声子与晶界、点阵缺陷等碰撞的过程。影响热导率的主要因素是声子的平均自由程，平均自由程的大小基本上决定于两个散射过程，即声子间的碰撞引起的散射和声子与晶体的晶界、各种缺陷、杂质作用引起的散射。当温度升高时，晶格振动加剧，声子间的相互作用或碰撞加强，使平均自由程减小。在室温以上，声子与晶体的不完整性、各种缺陷、晶界、杂质、位错及晶体表面等作用引起的散射与温度无关，但它们会引起晶格的非谐性，从而使声子间的作用引起的散射加剧，进一步减小声子的平均自由程。随着温度的升高，增强体 SiC 中电子的自由程剧烈减小，而比热容变化不大。因此，随着温度的升高，增强体的热导率减小，复合材料的热导率减小。

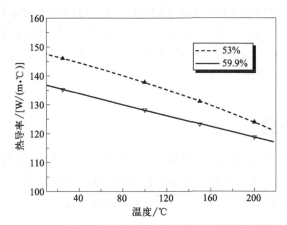

图 6-6　SiC$_{泡沫}$/SiC$_p$/Al 混杂复合材料的热导率和温度的关系

　　图 6-7 为室温下混杂复合材料的热性能。可以看出，随着增强体 SiC 体积含量的增大，复合材料的比热容线性下降，热扩散系数和热导率也渐渐降低，但不是线性关系。这是因为

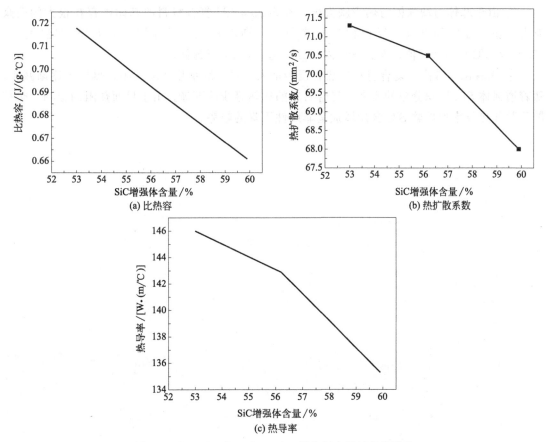

图 6-7　室温下 SiC$_{泡沫}$/SiC$_p$/Al 混杂复合材料的热性能

增强体 SiC 的比热容小于基体的比热容，而且比热容和材料的结构没有关系，只与材料的成分有关。因此，随着 SiC 含量的增加，复合材料的比热容逐渐减小。复合材料的导热性能不但与材料中各相的组成有关，还与界面有关。复合材料的界面增大了热传导时的散射作用，增加了复合材料的热阻，降低了材料的导热性能。随着 SiC 含量的增加，虽然复合材料中声子的导热作用增强，但自由电子的导热作用下降。由于自由电子的导热能力远高于声子，复合材料的导热能力下降。同时，随着 SiC 体积含量的增大，复合材料的界面表面积增加，提高了界面对热传导的影响，也导致复合材料导热能力下降。因此，随着增强体 SiC 含量的增大，复合材料的导热性能下降。

6.4　本章小结

① SiC$_{泡沫}$/SiC$_p$/Al 混杂双连续相复合材料中，当 SiC 泡沫增强体的体积分数为 16.4%、22.2% 和 28.8% 时，所对应的 SiC 总体积分数分别为 53%、56.2% 和 59.9%，复合材料的 CTE 为 7.7×10^{-6}/℃、7.1×10^{-6}/℃ 和 6.6×10^{-6}/℃，可充分满足电子封装应用的要求。

② 由于复合材料独特的复式连通双连续相结构，增强体 SiC 泡沫对基体和界面具有强约束作用，混杂增强铝基复合材料的 CTE 不但远比 SiC 颗粒增强铝基复合材料的低，而且低于现有模型（ROM、Kernel、Turner 和 Schapery 模型）的预测值。

③ 由于基体与增强体的热膨胀失配，在 SiC$_{泡沫}$/Al 复合材料的基体中存在很大的残余应力。随着温度的升高，复合材料的残余应力渐渐松弛，复合材料的 CTE 在温度 T_1（350～450℃）出现峰值，而且 SiC 体积分数越大，T_1 值越低。

④ 随着温度升高，复合材料比热容慢慢增大，热扩散系数渐渐减小，热导率逐渐减小。随着增强体 SiC 体积分数的增大，复合材料的比热容线性下降。由于界面热阻的影响，热扩散系数和热导率均随着 SiC 含量增加呈非线性下降的趋势。

第七章

SiC泡沫/Al双连续相复合材料性能的数值模拟

随着计算机和计算技术的发展，计算机模拟方法已广泛应用在材料科学与工程的各个领域，对材料各种行为机制进行模拟分析。目前，有限元法已经成为了目前最为有效、应用最广的一种数值分析方法之一。

7.1 双连续相复合材料有限元模型的建立

7.1.1 有限元法

有限元法是目前应用最多的数值方法（包括有限元法、边界元法、离散单元法及有限差分法），它的基本思想是将简单或复杂的连续体划分成有限个单元，之后再通过一定方式连接成组合体（简称离散化）。单元的形状可以是三角形、四边形、四面体等形状，单元之间通过结点相互连接。受到外力作用时，组合体内部单元之间的力的传递也是通过结点传递实现。在外力作用下，构成组合体的单元发生变形，单元的结点也因此发生不同大小、方向的位移，这种位移称为结点位移。在有限元中，结点位移作为变量近似表示单元变形的规律。在获得结点位移变量值后，可以通过插值函数计算出单元变形的近似值，最终得到连续体的近似值。随着单元的缩小，近似值不断接近精确值，最终收敛于精确值。

7.1.1.1 有限元的程序结构

有限元分析过程分为三个部分：建模、求解及后处理，其流程图如图 7-1 所示。建模是根据工程分析的要求，建立与实际结构近似的有限元模型；求解是由设定的程序控制并完成计算的过程；后处理是对求解结果进行分析。

有限元程序具有计算结果准确可靠、使用方便、效率高、易于修改等优点，相比其他的科学计算程序，有限元程序具有如下特点：

① 节点和单元的信息较多，程序输入的信息量较大，结果数据占用较多的存贮空间；运算次数多，计算规模大，精度会受到一定的影响。

② 整个结构系统离散成有限个单元。

③ 线性联立方程组是在泛函变分原理和最小位能原理的基础上转换而来的，线性问题和非线性问题均适用。

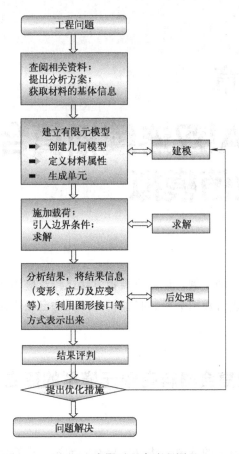

图 7-1　有限元程序流程图

7.1.1.2　有限元软件的选用

有限元法是目前应用较为广泛的计算方法，随着计算技术的快速发展，各应用软件迅速发展并商业化。目前，常用的有限元分析软件有：ANSYS、ADINA、ABAQUS、MSC 等。本研究选用工程常用的 ANSYS 有限元软件，ANSYS 软件是由美国匹兹堡大学 John Swanskon 博士开发的，最初，它仅提供热力学分析和结构线性分析，到了 20 世纪 70 年代初期增加了结构非线性、子结构等特殊功能，到 20 世纪 70 年代末期融入了交互的操作方式和图形技术，用图形来检验模型的几何形状边界条件等。此后，ANSYS 的普及开始了一个全新的阶段，逐渐拓展到求解电力、电磁场、流体及碰撞等问题。经过了几十年的发展，ANSYS 作为商业工程分析软件，功能更加完善，使用更加方便，被广泛应用于航空航天、国防、军工、铁路、石油化工、机械制造、土木工程、电子、生物医学、石油化工等各种工业领域。

ANSYS 软件的主要技术特点总结如下：

① 具有强大的结构非线性分析功能和强大的并行计算功能，可进行共享内存式和分布式并行。

② 具有多种网格划分功能。

③ 具有多种求解器可供选择，以适用不同的硬件配置，用于求解不同的工程问题。

④ 用户界面在异种或异构平台上也能统一，且数据文件全部兼容。

ANSYS 软件可以进行简单线性静态分析和非线性动态分析，其不仅能进行结构、热、流体力学、电磁场分析，还可以进行多物理场耦合计算，如热-结构耦合、热-流体耦合、热-电耦合、热-磁耦合和热-电-磁-结构耦合等。本文主要应用 ANSYS 分析软件中的结构静力分析和热力学分析模块，进行非线性分析，用静力分析求解载荷引起的变形、应力等，利用热分析来导出热载荷对系统几何结构的影响。

7.1.2 模型建立

7.1.2.1 物理模型建立

由于对 SiC泡沫/Al 双连续相复合材料的数值模拟研究是在三维空间条件下进行的，所以需要预先确定坐标系。在本次研究中，设定的 X、Y 和 Z 三个方向如图 7-2 所示。为了对双连续相复合材料的数学模型进行准确分析，现对实际情况中复合材料受力过程进行简单描述：复合材料和压力机的上下接触板是整个装置的接触体。对于上板，可以简化表示为在 Y 方向以一定的速度进行运动，运动导致材料的上端面受均布压强作用，而下板用于固定复合材料的下表面，接触表面光滑、无摩擦，压缩过程中下表面在 Y 方向固定不动，具体的物理模型如图 7-2 所示。

由于实际加载过程中影响因素较多，要建立绝对精确的实际模型尚有困难，为了准确地诠释其过程，须进行合理地简化，本模拟中的假设如下：

① 复合材料中的碳化硅增强体的孔洞均匀分布且尺寸相等，孔棱粗细相同；

② 增强体和金属基体均具有连续性；

③ 复合材料的机械结合界面良好，即主要依靠碳化硅增强体的粗糙表面产生的机械错合力，以及利用基体的收缩力包紧碳化硅而产生摩擦力；

④ 复合材料的界面没有其他相存在。

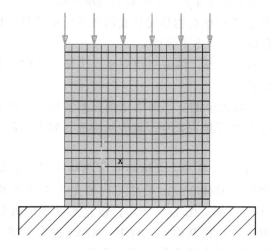

图 7-2 复合材料承受压缩载荷物理模型

7.1.2.2 实体模型建立

采用有限元的直接法建模时，工作量大，过程复杂，所以本文采用间接法，建立增强体的三维网络拓扑结构模型，大大减少了工作量。实体模型由基本图元（点、线、面和体）组合形成，利用 ANSYS 建立实体模型的几何图元有两种方式：自底向上建模（Bottom-to-

Up）和自顶向下建模（Up-to-Bottom）。自底向上建模是按照从低级图元到高级图元的建模顺序，先建立关键点，再通过点连线，后由线形成面，最后由面组成体。而自顶向下建模是从一开始就从高级图元建模，即直接建立一个高级图元——体，然后 ANSYS 自动生成体附属的点、线、面等低级图元。建模前应该首先分析实体模型的结构特点，根据这些特征考虑最简洁、最合理的建模方式。

（1）双连续相复合材料的结构特点

SiC泡沫/Al 双连续相复合材料是在连续多孔的 SiC 泡沫结构材料中填充金属铝的复合材料，碳化硅增强体和金属基体相互贯穿和渗透，且相互盘绕；其中，增强相的结构比较特殊，具有空间网络拓扑结构特殊的几何特性，多孔结构堆积在一起充满复合材料的整个空间；碳化硅增强体的孔穴通过棱边在空间延伸，从而形成三维连通网络结构。本文建立的模型进行了简化处理，泡沫孔的类型全部统一为相同结构，且泡沫筋为非扭曲的棱柱。

（2）传统单胞模型

目前，用于数值计算的泡沫增强体模型主要有以下三种。

① Gibson-Ashby 模型

Ashby 和 Gibson 等人建立了一种用于研究多孔材料的模型，它将各向同性的碳化硅泡沫表示为具有立方结构的单胞的集合体 [图 7-3（a）]，该模型由 12 根相同的棱柱组合成一个立方框，而连接各个立方框的棱柱位于每条棱柱的中点处，多个同样的立方框，在各个方向上堆积形成空间多孔结构模型，形成了整个复合材料的碳化硅增强体。该模型得到的孔隙率范围很广，其主要是通过改变棱柱尺寸来达到。

Gibson-Ashby 模型的结构特点如下。

a. 单元的密积性：Gibson-Ashby 模型的结构单元能够实现密集堆积，但是孔隙单元却无法实现密集堆积，孔隙单元通过半棱与其他相邻的单元相连接。

b. 棱柱结构的等价性：模型中结构单元存在两种不同的棱柱，即孔棱（孔筋）和连接棱，所以这个特性会导致棱柱的状态不等价。

c. 单向承载时孔棱的受力情况：单胞受单向竖直方向（Y 向）的载荷时，模型中会存在六种不同受力情况的孔棱。

由于双连续相复合材料增强体的三维网络结构极其复杂，形状和尺寸也有多种变化形式，因此，Gibson-Ashby 模型不能完整全面地表达泡沫材料的实际状态，模拟计算的准确性不高。

② 体心立方模型。体心立方模型，和体心立方晶格一样，其结构也是立方体，体心和八个角体现了其结构特征；和体心立方晶格不同的是：立方体的中心和立方体的八个角被削除，而不是被原子所占据 [图 7-3（b）]。建立此模型的大致过程为首先创建一个正方体，然后在这个大的正方体的基础上，利用 ANSYS 的布尔减运算功能，分别在中心和八个角的位置剪去规定尺寸的小正方体，形成图中所示的体心立方结构。应用它作为复合材料增强体模型时，可用六面体单元划分网格，且应用有限元法或是有限积分法均可得到快速而准确的结果，既节约了计算时间又避免了占用计算机资源。改变小正方体的尺寸就可以获得不同体积分数的碳化硅泡沫，这种结构仅仅是近似描述碳化硅增强体的结构，计算结果不够准确。

③ Kelvin 模型。Kelvin 模型也称十四面体模型，该模型源于泡沫的成型过程，接近泡

沫的真实结构，这种模型比较适合作为泡沫材料的数值模拟。该结构由 8 个正六边形和 6 个正四边形组成。这十四个面组合而成的三维结构有 36 根筋，每根筋都是等长、等径的。该模型在结构上是对称的，有 3 条面对称轴和 4 条线对称轴。每根筋的截面形状可以是圆形、四边形，本研究采用圆形截面模型［图 7-3（c）］。该模型可以通过简单复制得到泡沫材料的多胞模型，该结构可以得到高孔隙率的多孔材料。

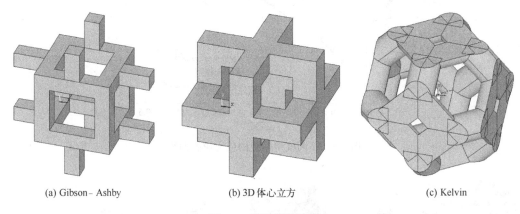

(a) Gibson-Ashby　　　　　(b) 3D体心立方　　　　　(c) Kelvin

图 7-3　泡沫材料模型

（3）单胞模型选择

为合理选择模拟用单胞模型，现在分别对三种模型进行数值模拟。根据表 7-1 中 SiC 的基本参数设置材料属性，对 SiC 泡沫的三种模型，施加相同的压缩载荷，利用 ANSYS 分别计算，由计算结果和模型结构确定最后的计算用模型。从计算得出的应力应变曲线（图 7-4）可以看出，三种模型计算出的结果基本相同，体心立方模型和 Kelvin 模型模拟结果比较吻合，Gibson-Ashby 模型模拟结果在应变比较小（小于 0.07%）时与前两者吻合，随着应变的继续增大它的模拟结果高于前两者的模拟结果 2%。

表 7-1　SiC$_{foam}$/Al 双连续相复合材料的力学性能参数

材料	密度 ρ/(kg/m³)	弹性模量 E/GPa	泊松比 μ	屈服应力 σ_s/MPa	剪切模量 G/MPa
SiC	3200	450	0.17	—	192.3
Al	2700	69	0.32	50	$0.26*10^5$

为了进一步验证三种模型的可靠性，提高双连续相复合材料模拟分析的准确度，研究采用施加热载荷，考察热载荷作用下泡沫模型的膨胀行为。进行计算时，为了防止模型错位移动，分别对坐标为 $X=0$，$Y=0.003$，$Z=0.003$ 三个面进行了 X，Y，Z 向约束。图 7-5 是三种模型的 X 方向位移云图，图中不同颜色代表位移的变化量的大小，从蓝到红依次表示位移量逐渐增大，其中蓝色表示位移最小，红色说明位移最大。从图中可以看出：三种模型的热膨胀量在离坐标原点最远的地方最大；从颜色的变化来看，每隔一段距离颜色就变一次，并且是一层一层逐步变化的。说明三种模型的变化的趋势是一致的，图 7-6 是不同温度下各种模型获得的热膨胀系数，从图中可以看出，用 Kelvin 模型和体心立方模型计算得到的热膨胀系数和实验结果更吻合，以 Kelvin 模型最为相近，而 Gibson-Ashby 模型和实验结果相差较大。所以，本研究选用 Kelvin 模型作为最终模型。

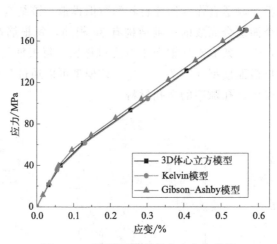

图 7-4 不同模型模拟的应力应变曲线

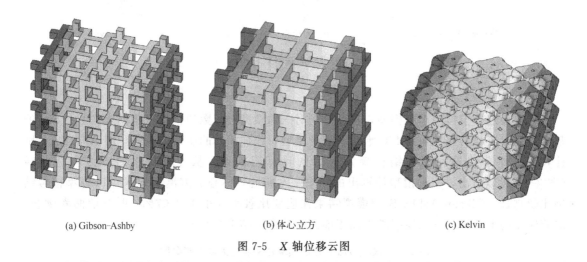

(a) Gibson-Ashby   (b) 体心立方   (c) Kelvin

图 7-5 *X* 轴位移云图

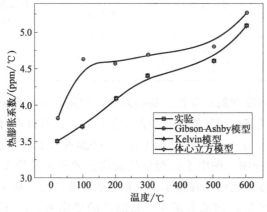

图 7-6 温度-热膨胀系数曲线

为进一步理解 Kelvin 模型模拟结果与理论计算的吻合性，本文分别采用模拟计算和理论计算相结合的方法研究了泡沫的弹性模量。目前已有的理论公式如下。

① Gibson-Ashby 理论。针对泡沫材料，Gibson 和 Ashby 根据大量的实验数据得出相

对弹性模量（E/E_s）与相对密度（ρ/ρ_s）之间的关系，此半经验公式为

$$E/E_s = C(\rho/\rho_s)^n \tag{7-1}$$

式中，下标 s 表示实体材料；常数 C 和 n 取决于材料内部的微观结构，通常 n 大致的取值范围为 $1\sim4$。根据已有的实验数据，密度较低的通孔泡沫材料 n 的值取 2，且 $C\approx1$，即可得到平方律方程：

$$E/E_s = (\rho/\rho_s)^2 \tag{7-2}$$

② 拟合随机理论。利用式（7-1），并取 $C=1$，针对低密度开孔泡沫材料（相对密度过高时，会造成一些简化假设与泡沫材料的真实微观结构不符），用随机模型计算出相对弹性模量，其中计算所用的相对密度的范围为 $0.01\sim0.15$，并对计算结果进行拟合，拟合曲线满足下述公式：

$$E/E_s = (\rho/\rho_s)^{2.087} \tag{7-3}$$

由两公式对比可知，用随机模型计算出的低密度开孔泡沫材料的相对弹性模量基本上与理论公式（7-2）相符。

③ 14 面体模型理论。科研工作者从理论上推导出了通孔泡沫 14 面体模型的关系式，给出了 $<100>$ 方向的相对杨氏模量为

$$E_{100}/E_s = (2/3)C_z(\rho/\rho_s)^2[1+C_z(\rho/\rho_s)]^{-1} \tag{7-4}$$

$$C_z = 8\sqrt{2}\,I/A^2 \tag{7-5}$$

式中，A 为筋的横截面积；I 为截面惯性矩；当筋的横截面为圆形时，$C_z=0.900$。

④ Robert 理论。Robert 等人同样采用随机模型计算通孔泡沫材料的相对弹性模量，在分析中支柱的截面简化为具有圆形边角的正方形，采用蒙特卡罗法生成均匀分布的、非周期性的、各向同性的点集。计算数据用半经验公式（7-1）拟合得到结果如下：

$$E/E_s = 0.930(\rho/\rho_s)^{2.04} \quad (0.04 < \rho/\rho_s < 0.5) \tag{7-6}$$

对比上述 Kelvin 模型计算的相对弹性模量与式（7-2）、式（7-3）、式（7-4）、式（7-6）理论预测结果（图 7-7）。由图可见，Kelvin 模型的模拟结果介于 Gibson-Ashby 半经验理论结果与 Robert 拟合结果之间，且与 Gibson-Ashby 半经验公式的吻合度较高，因此选择 Kelvin 模型是合理的。

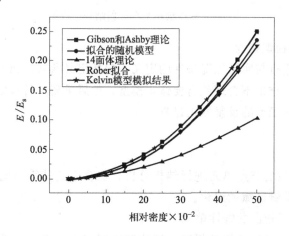

图 7-7　模拟与理论计算结果

在本研究所设置的假设条件下，Kelvin 模型作为双连续相复合材料的增强体模型，模

型共由八个单胞组成, 两层叠放。利用 ANSYS 软件建模后的增强体结构如图 7-8 所示。

(4) 双连续相复合材料模型

本文所建立的 SiC/Al 双连续相复合材料的实体模型主要采用的是自顶向下建模方式, 其主要过程如下:

① 利用图元编辑功能在已经创建的复杂图元上进行编辑修改。

② 充分利用了 ANSYS 提供的布尔运算功能对模型进行逻辑运算处理。双连续相复合材料的结构组成如图 7-9 所示。

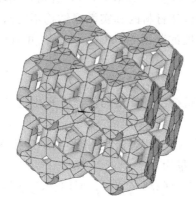

图 7-8　碳化硅增强体模型

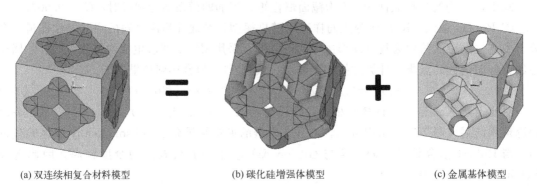

(a) 双连续相复合材料模型　　　　　(b) 碳化硅增强体模型　　　　　(c) 金属基体模型

图 7-9　双连续相复合材料结构组成图

7.1.2.3　有限元模型建立

建模是对组合体进行与实际工况条件的定义, 包括定义参数、属性等。建模过程是有限元分析过程中的关键, 结果不合理就需要修正模型, 然后重新进行有限元分析, 使模型趋于合理。建模的过程是对模型的反复修正过程。

(1) 单元选择

单元选择原则:

① 使用带有形函数的节点单元进行结构分析, 在合理的计算时间内得到比较准确的计算结果, 同时应避免关键区域的退化。

② 尽量不使用过于扭曲的线性单元。

③ 使用退化的单元进行结构分析时, 须注意中间节点。当一个面或体使用线性单元来划分网格时, 如果与它相邻的面用二次单元划分网格, ANSYS 就会自动将线性单元和二次单元同侧的中间节点去掉。

④ 不同的单元连接时需要一致的自由度。因为在连接的界面处有可能发生不协调的现象。当两个单元彼此之间不协调时，求解的过程中会在不同的单元间传递不恰当的位移或者力。为了确保协调性，两个单元需要有一致的自由度。

ANSYS 软件提供了 100 多种不同的单元类型，单元选择和解决的问题密切相关，单元的类型决定了单元的自由度和单元的空间结构。根据应用场合需要进行单元选择，单元类型有些适用于结构分析，如 SOLID45；有些适用于热分析，如 PLANE55；有些用于耦合场的分析，如 SOLID70。根据模型结构的不同，有的用于二维，有的用于三维结构等。

SOLID65 常用于模拟三维混凝土模型。除此之外，该单元还可以应用于复合材料和地质材料，如玻璃纤维、岩石等。本研究选用它作为三维网络碳化硅模型的单元类型，单元为三维八节点六面体单元，每个节点有三个自由度（x、y、z）方向平动，它和普通的八节点实体单元 SOLID45 具有相同的实体单元模型。另外，该模型关联了 Willam-Warnke 破坏准则，因此可应用于材料压碎和开裂过程的模拟。SOLID65 单元的示意图如图 7-10 所示。

SOLID45 单元（图 7-11）与 SOLID65 单元相同，为八个节点单元，每个节点有 x、y、z 三个方向自由度，该单元具有塑性、膨胀、蠕变、应力刚化、大应变、大变形等功能，该模型适用于塑性金属材料，所以考虑到双连续相复合材料基体组元金属属性，本研究中增强体选用 SOLID65 块单元，基体选用 SOLID45 块单元。

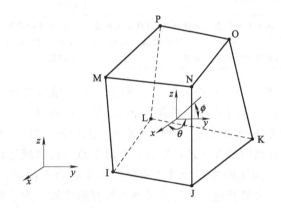

图 7-10 SOLID65 单元的示意图

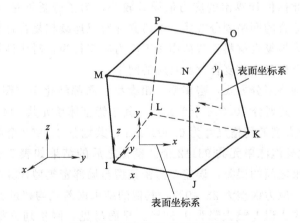

图 7-11 SOLID45 单元的示意图

（2）材料力学性能参数

材料性能参数输入设置是通过用户自定义的方式来完成的。根据实际需要，输入对应的性能参数，设置所需的线性和非线性材料参数，双连续相复合材料相关的力学性能参数如表7-1所示。

（3）网格划分

① 网格划分方法。网格划分主要包括以下三个基本步骤：设置单元属性、进行网格划分控制和生成网格。首先，对复合材料的增强体和基体分别设置对应的单元类型、材料属性等参数，设置单元属性；然后根据单元结构特点和网格划分方法的匹配性（表7-2），选择合适的网格划分方式，对已建立好的实体模型进行网格划分；最后得到了 SiC$_{泡沫}$/Al 双连续相复合材料的有限元模型。

表 7-2　网格划分方法

网格划分方法	自由划分	映射划分
适用范围	单元形状没有限制；无固定的网格模式；适用于形状复杂的面或者体	限制面的单元形状为四边形，体的单元为六面体；通常有规则的形式，且单元明显排列成行；仅适用于有规则形状的面或体
优点	网格容易生成；无须将形状复杂的体分解成形状规则的体	常包含很少的单元数量；低阶的单元也可以得到较满意的结果，因此自由度的数目较少
缺点	体单元只包含四面体网格，因此单元数量较多；仅高阶的单元能得到较满意的结果，因此自由度的数目很多	面和体须有较规则的形状，划分网格时须遵循一定的准则；网格难以实现，特别是复杂形状的体

② 网格划分方式选择。由于双连续相 SiC/Al 复合材料结构复杂，增强体和基体形状不规则、界面结构独特，因此在对其进行网格划分时需注意网格分布。增强体和基体连接处界面，在加载后会存在应力集中等问题，因此该区是重点分析特征区域。根据材料的结构特征，本研究对模型采用自由网格方式进行划分，并对重点分析区域进行局部细化。网格划分密度控制是非常重要的，如果网格划分过于粗糙，结果将会不精确，甚至会出现错误；反之，网格划分过于细密，会浪费过多的计算时间和计算机资源，为了避免出现此类问题，在模型生成之前需重点考虑网格划分问题。

在分析界面上的应力分布时，网格密集可以保证网格边界上较多的节点落在界面上，界面上的数据点多，因此插值计算出的应力值误差较小。为了分析网格划分对计算结果的影响，以获得一种比较适合的网格划分方式，本研究针对双连续相复合材料模型采用了三种不同的网格划分方式，模拟复合材料受载荷作用下应力应变行为，对比计算结果，分析各种网格划分方式的特点，合理确定该复合材料对应的网格。

本研究采用三种网格划分方式：密集型、粗大型、局部细化型（图7-12），密集型的网格尺寸为 0.0001mm，共划分 703056 个单元格，其中铝基体单元共 414924 个，碳化硅泡沫单元共 288132 个；粗大型的网格尺寸为 0.0005mm，共划分 379952 个单元，其中铝基体单元共 286840 个，碳化硅泡沫单元共 93112 个。模拟之后的结果如表 7-3 所示，误差 1 为密集型与粗大型计算结果之间的误差，误差 2 为密集型与局部密集型计算结果之间的误差。误差 1 的应力误差较大，应力误差为 28.40%，其他的结果误差也均超过了 10%；误差 2 的误差值均有明显降低，应力误差最大降为 1.56%。显而易见，网格划分得越细密，计算结果就越精确。由于局部密集型网格需要采用局部手工划分，工作量大且不易控制，所以最后选

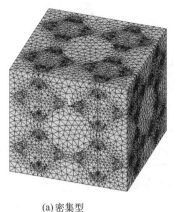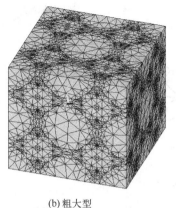

| (a)密集型 | (b)粗大型 | (c)局部密集型 |

图 7-12 网格划分

择密集型网格来对 SiC$_{泡沫}$/Al 双连续相复合材料的八胞模型进行模拟。

（4）接触对建立

接触状态的定义为两个彼此分离的表面能够互相碰触并互切。具有接触状态表面的特点：不互相渗透，能够相互传递切向摩擦力和法向压力且通常不传递法向拉力。由于 SiC$_{泡沫}$/Al 双连续相复合材料的界面为机械结合。因此基体与增强体之间的界面问题可认为是材料接触问题。

在 SiC/Al 双连续相复合材料中，界面结合类型为机械结合，碳化硅和铝之间因表面粗糙而产生一定的摩擦，而碳化硅为陶瓷具有高硬度和高机械强度，因此碳化硅和铝属于硬材料和软材料接触。在创建复合材料接触时，接触单元在使用接触向导时会自动产生，因此可以不用添加接触单元。ANSYS 程序中选用面-面接触单元，它可以是任意形状的表面，并且在面的高斯点可以传递压力。由于碳化硅刚性和铝基体的塑性，本研究中面-面接触定义为刚-柔接触，碳化硅为刚性体，铝为柔性体。面-面接触称为接触，有目标面和接触面，研究把在界面处碳化硅侧的面定为目标面，而铝侧的面定为接触面，合起来称为接触对。在该接触对中，接触单元由于被约束不能侵入目标面，但是目标面可以侵入接触面（图 7-13），最终建立一个了接触对。如果给 CONTAC173 单元和 TARGE170 单元指定相同的实常数号，则 ANSYS 程序会通过实常数号来识别接触对。

表 7-3 不同网格划分情况下的结果

项目结果	密集型	粗大型	局部密集型	误差 1	误差 2
Y 向-最大位移/μm	4.19	5.08	4.21	−21.24%	−0.48%
X 向-最大应力/MPa	257	329	261	−28.02%	−1.56%
Y 向-最大应力/MPa	250	321	253	−28.40%	−1.20%
Z 向-最大应力/MPa	267	338	271	−26.59%	−1.50%
应力强度最大值/MPa	65.3	79.1	64.9	−21.13%	0.61%
Von Mises 最大应力/MPa	60.8	70.4	61.2	−15.79%	−0.66%
最大机械应变强度	0.139824	0.160325	0.140466	−14.66%	−0.46%
Von Mises 最大机械应变	0.001180	0.001720	0.001190	−45.76%	−0.85%

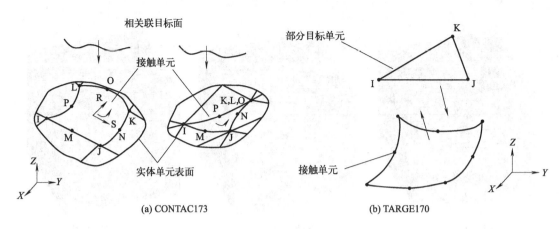

图 7-13　单元示意图

（5）边界条件处理

用 ANSYS 模拟双连续相复合材料的压缩过程属于非线性分析问题，在塑性变形过程中，材料的非线性行为主要表现如下。

① 材料的非线性。材料在载荷的作用下发生变形，首先进入弹性变形阶段，在此阶段遵循弹性变形准则；然后进入塑性变形阶段遵循塑性变形准则，材料的非线性直接引起非线性的应力-应变关系。

② 几何的非线性。几何的非线性直接引起大位移变形过程中非线性的应变-位移关系和非线性的应力-外载荷关系。

③ 边界条件的非线性。由于模拟过程须尽量接近事实，而真实条件为在接触过程中机器与材料之间存在摩擦和接触变形，所以边界条件的非线性是非常复杂的。

依据实际条件，建立压缩过程模型的边界条件，设置模型上表面承受 Y 方向均布压强载荷，下表面设置位移约束，UY＝0。

（6）求解

施加载荷时须考虑收敛问题。ANSYS 在求解接触非线性还是材料非线性，或者其他的关于非线性的问题时，都很难收敛。这些问题的收敛性不仅仅受到单元和材料的参数影响，还和载荷有关，较小载荷不一定收敛，较大载荷也不一定发散。本研究采取用力加载的方式来模拟非线性问题时，模拟结构出现不收敛现象，因此本研究采用位移加载方式进行模拟，解决力加载过程中引起的非线性不收敛问题。

定义分析类型为结构静力分析，求解器选择稀疏矩阵法，该解法对于非线性分析有很好的稳定性和较高的求解速度。加载过程设置为 1 个载荷步，为追踪压缩的全过程，每个载荷步分 30 个子步。求解过程中使用自动调整时间积分步长功能，可以有效提高收敛性，采用足够小的时间步长有利于获得结果收敛。

因此，利用通用的 ANSYS 有限元软件可完成物理模型构建，该模型符合实际条件复合材料的受力过程；再通过分析双连续相复合材料结构，采用自顶向下的实体建模方法，分别建立增强体和基体模型，选取 Kelvin 模型作为增强体模型。根据假设条件建立接触对，可提供满足增强体与基体间的机械结合界面，方便快捷地完成实体模型的建立，该模型可用于分析双连续相复合材料的力学性能。

7.2　双连续相复合材料的性能研究

SiC_{泡沫}/Al 双连续相复合材料的性能除了与 SiC 增强体和 Al 基体的物理特性相关之外，还与复合材料中组元的形态有关。由于复合材料中两种组元的物理特性和结构特征都存在差异，而且两者在材料中的分布又不均匀，结果导致材料在受到外部载荷作用时，内部会产生很大差别的应力分布，影响复合材料的失效过程。

7.2.1　双连续相复合材料的力学行为

7.2.1.1　复合材料的应力分析

为了研究复合材料组元形态对复合材料的影响，本研究以传统颗粒增强和泡沫增强体两种复合材料为研究对象，这两种复合材料模型的结构特征如图 7-14 所示。两种复合材料设定为相同的增强体体积分数，但由于其各自的碳化硅结构形态不同，导致材料内部的应力分布很明显不同。从图 7-15（a）中可以看出，双连续相复合材料模型的应力基本呈对称分布，在模型顶部增强体与基体的界面处或一些模型的边角处存在应力集中现象，出现最大应力值，约为 395MPa，在进行复合材料设计时这些区域是重点关注区域。双连续相复合材料中的碳化硅和金属铝弹性模量、屈服极限等力学性能均显著不同，外载荷使它们产生不同的变形，这种变形不协调性也是导致应力分布不均匀的一个重要原因，而且两组元的变形差异越大，产生的应力值也越大。颗粒增强金属基复合材料的 Von Mises 应力云图如图 7-15（b）所示，在复合材料界面区域也存在应力集中，该区域也会影响复合材料的变形行为。

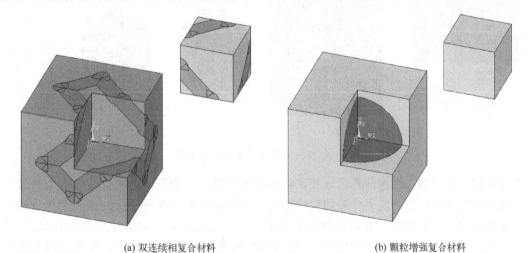

(a) 双连续相复合材料　　　　　　　　　　　　　　(b) 颗粒增强复合材料

图 7-14　复合材料单胞模型

图 7-16 和图 7-17 为平行于载荷方向上模型边长四分之一和二分之一处截面上增强体和基体的分布情况与应力分布。从图中可以看出，碳化硅增强体和基体轮廓清晰，复合材料中增强体泡沫筋中的节点处应力值比较稳定，约为 443MPa，应力在增强体内部分布均匀，增强体泡沫筋在整个复合材料中起支撑作用，既能承受载荷，又能传递载荷。但铝基体中，应力变化幅度明显增大，由 1/4 边长处截面的局部放大图可以看到，在碳化硅泡沫孔内的金属基体应力较小。在垂直于界面方向上，离界面距离越小，应力逐渐增大。应力等值线的分布

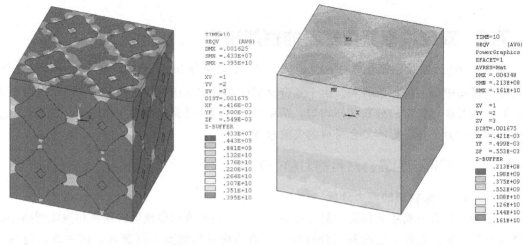

(a) 双连续相复合材料　　　　　　　(b) 颗粒增强复合材料

图 7-15　复合材料中 Von Mises 应力等值云图

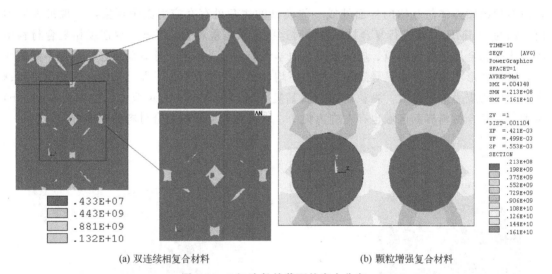

(a) 双连续相复合材料　　　　　　　(b) 颗粒增强复合材料

图 7-16　1/4 边长处截面的应力分布

受模型孔洞结构影响，在泡沫孔的连接区域的金属受挤压，为压应力状态，且应力值较大。在双连续相复合材料中，应力分布均匀性较差。颗粒增强复合材料中增强体不能承受载荷，只能传递载荷；与之相反，基体既可以传递载荷又承受载荷，且基体中应力变化较大〔图7-16（b）〕。传统颗粒增强复合材料中，增强体颗粒弥散分布在基体中，彼此之间不连续，在复合材料承载时，随着复合材料位移增加，增强体随着基体移动，载荷主要由连续的基体承担，增强体不能承受载荷。

碳化硅增强体属于脆性材料，根据第一、第二强度理论（最大拉应力、应变强度理论），最大拉应力和最大拉应变是导致材料破坏的主要因素。最大拉应力强度理论提出，不管单元处于何种状态，以拉伸断裂的最大拉应力为临界值，当最大拉应力达到这个临界值时，材料被破坏。第二强度理论稍有差别，它是将主应力的某个综合值（即等效应力 equivalent stress）同材料的轴向拉压临界应力相比较，来判断材料是否已经被破坏。第二强度理论相关的公式有：

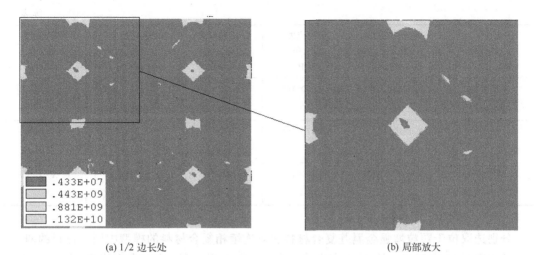

<table>
<tr><td>(a) 1/2 边长处</td><td>(b) 局部放大</td></tr>
</table>

图 7-17　截面应力分布

$$\varepsilon_1 = \varepsilon_b \tag{7-7}$$

$$\varepsilon_1 = \frac{1}{E}[\sigma_1 - \mu(\sigma_2 + \sigma_3)] \tag{7-8}$$

$$\varepsilon_b = \frac{1}{E}[\sigma_1 - \mu(\sigma_2 + \sigma_3)] = \frac{\sigma_b}{E} \tag{7-9}$$

$$\sigma_1 - \mu(\sigma_2 + \sigma_3) = \sigma_b \tag{7-10}$$

　　数值模拟过程中设置的压缩时间为 10s，当计算至 3.4452s 时，材料的第一主应力和等效应力均达到断裂极限，材料被破坏。

7.2.1.2　复合材料的应力-应变关系

　　增强体的增强效果及复合材料的应力-应变关系与复合材料中增强体的结构密不可分。在应力大小相同、加载方向及作用位置均相同的条件下，颗粒增强金属基复合材料和双连续相复合材料所受到的各项应力、应变的最大值分别列于表 7-4。由表中数据可知，两组数据的数值差别很大，同样是由于增强体的结构差异，双连续相复合材料具有更大的应力值和应变值。对于颗粒增强金属基复合材料，材料内部的碳化硅颗粒呈现弥散分布状态，在基体中起强化作用，颗粒彼此之间无接触，当压缩载荷作用于复合材料时，受挤压的颗粒在阻碍金属变形的同时也会随金属基体一起移动，颗粒产生很大的位移量，却有比较小的应力值，即使是增强体和基体间界面处的最大应力也远小于双连续相复合材料的应力值。但是颗粒增强复合材料的抗塑性变形能力明显低于双连续相复合材料。双连续相复合材料具有更强的约束基体变形的能力，泡沫增强体独特的三维连通网络结构，使泡沫孔整体相连，相互约束，泡沫增强体具有良好的承载能力。刚性的泡沫筋限制了金属基体的塑性流动，为提高复合材料的抗塑性变形能力起到了主导作用。

表 7-4　复合材料的应力、应变的数值

材料类型	第一主应力 最大值 /MPa	等效应力 最大值 /MPa	X 向应力 最大值 /MPa	Y 向应力 最大值 /MPa	等效应变 最大值 /MPa
颗粒增强 复合材料	0.103×10^4	0.161×10^4	0.102×10^4 -0.098×10^4	0.019×10^4 -0.219×10^4	0.061

续表

材料类型	第一主应力 最大值 /MPa	等效应力 最大值 /MPa	X 向应力 最大值 /MPa	Y 向应力 最大值 /MPa	等效应变 最大值 /MPa
双连续相 复合材料	0.672×10^4	0.395×10^4	0.672×10^4 -1.140×10^4	0.670×10^4 -1.140×10^4	0.181
纯铝	0.427×10^{-3}	0.107×10^4	0.215×10^{-3} -0.148×10^{-3}	-0.104×10^4	0.040
碳化硅	0.929×10^{-4}	0.217×10^2	0.123×10^{-3} -0.906×10^{-4}	-0.217×10^2	0.482×10^{-4}

注：表中正值为拉应力，负值为压应力。

分别选取位于颗粒增强金属基复合材料和双连续相复合材料的模型中同一位置的两个节点，对比图 7-18 中两节点的应力-应变关系曲线可以看到，两种材料体积分数同为 23%，在压缩至 2.1667s 时，颗粒增强复合材料在该节点处达到屈服极限，屈服极限为 35.36MPa；双连续相复合材料的屈服应力要远远高于这个值，可达 46.73MPa，且双连续相复合材料具有更高的弹性模量。说明除了材料本身的力学性能和增强体的体积分数之外，增强体的结构特征也会影响复合材料弹性模量的数值。由于双连续相复合材料中高强度 SiC 泡沫同时承载和传递载荷，既约束了基体塑性流动，又赋予了增强体单独承载能力，从而提高了复合材料的弹性变形抗力和弹性模量，增加了复合材料屈服强度。

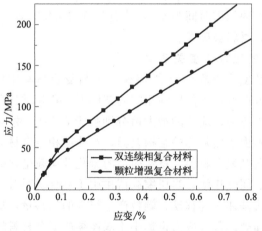

图 7-18　应力-应变曲线

为了更好地分析应力在两种复合材料的模型中的分布情况，分别取两个模型中沿 OY 方向的棱边长上的所有节点，双连续相复合材料模型棱边共有 12 个节点，颗粒增强复合材料模型棱边共有 11 个节点。将这些节点作为分析对象，由节点的应力值作为纵坐标，节点的 Y 向坐标值为横坐标，描绘两条应力－Y 向距离曲线，如图 7-19 所示。由图中的两条曲线可知，曲线的变化形式有一定的规律性，这种规律表现在节点是否接近界面，节点位置越靠近界面，应力值越大，双连续相复合材料的应力-距离曲线出现了明显的波峰和波谷，而颗粒增强复合材料的曲线相对较平稳，出现这种现象同样归因于复合材料不同的结构特征，双连续相复合材料的增强体为三维连通网络结构，在筋与筋的连接处过渡半径比较小容易产生应力集中，而且各筋对基体的约束性很强，这使得靠近复合材料界面的区域应力较大，在远离界面区域的基体中应力很小。由于采用的增强体模型是由八个单胞组成的两层碳化硅泡沫或颗粒，而载荷又是施加于模型顶部，使得下层复合材料受压产生的应力小于上层复合材料，所以出现波形第二个峰值高于第一个峰值，这一点双连续相复合材料表现得更为明显。

本研究中用于有限元分析的双连续相复合材料的增强体为碳化硅泡沫，表征泡沫材料结构的主要参数有密度、孔隙率、孔径、通孔度及流通特性等等。进行模拟计算时，保持其他参数不变，调整模型中增强体部分的孔隙率的大小，从而控制体积分数变化。

孔隙率与材料的密度呈反比例关系，而材料的密度决定着泡沫整体的力学性能，所以孔隙率很大程度上制约着泡沫材料的力学性能。另外，孔隙率反映着泡沫材料的宏观结构特征，建模时取材料的平均孔隙率作为增强体孔洞的统一尺寸，有利于简化复合材料模型设计。

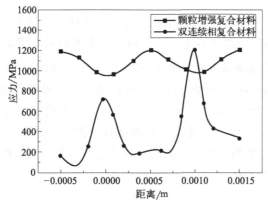

图 7-19　应力-位置曲线

为了了解体积分数和材料力学性能的关系，在保证单元类型和实常数以及材料基本参数不变的情况下，改变模型尺寸，即改变增强体含量，然后分别模拟含有五种不同增强体孔隙率的复合材料模型，对应的碳化硅增强体体积分数分别为12％、17％、23％、30％、37％，得到五条不同增强体体积分数条件下同一节点的 SiC/Al 双连续相复合材料应力-应变关系曲线，如图 7-20 所示。从图中可以看出，在准静态压缩载荷作用下，不同体积分数的双连续相复合材料的应力-应变曲线却具有相似的线型。在压缩的第一阶段，材料处于弹性变形，增强体体积分数越高，材料的弹性模量越大。随着压缩时间的延长，应力达到材料的屈服强度，曲线呈非线性变化，应力逐渐减小，应变逐渐增大。体积分数越大，材料屈服强度越高。直到某一时刻碳化硅泡沫被压垮，不能继续承载，五种材料被破坏的时间分别为3.445s、3.500s、4.713s、5.432s、3.750s。所以，随着增强体体积分数增加，双连续相复合材料强度具有最大值。根据应力-应变曲线及材料破坏的时间可知，当体积分数增大到37％时，复合材料的强度反而降低。

7.2.1.3　双连续相复合材料的本构模型

为了得到 SiC泡沫/Al 双连续相复合材料的本构关系，本文引入具有类似结构的泡沫塑料的本构关系，并对该本构方程进行修正。目前，经过国内外研究人员的共同努力，已经给出了许多种形式的应力应变关系。Sherwood 和 Frost 给出了较全面的经验公式（7-11），它加入了环境温度、材料密度和应变率等因素。

$$\sigma = H(T)G(\rho)M(\varepsilon, \dot{\varepsilon})f(\varepsilon) \tag{7-11}$$

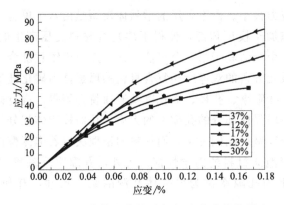

图 7-20 增强体体积分数对应力-应变曲线的影响

函数 $H(T)$ 是表示环境温度对应力的影响，在材料变形过程中，环境温度变化较小，因此 $H(T)$ 对应力的影响可忽略不计。函数 $G(\rho)$ 表示材料密度对应力的影响，材料密度对应力的影响比较单一，实际研究中可以作为常量处理。而函数 $M(\varepsilon, \dot{\varepsilon})$ 则主要表明应力也会受到应变率的影响，形状函数 $f(\varepsilon)$ 则是在某一参考密度和温度都已确定，且为静态加载条件下的应力-应变的曲线函数，可用于描述模型变形的整个过程。结合双连续相复合材料压缩模拟的实际情况，可以设置以下基本条件：温度、体积分数、密度、应变率为常量，且将模型加载设置为准静态压缩，因此，只须形状函数 $f(\varepsilon)$ 作为应力、应变的曲线函数，则方程 (7-11) 可简化为

$$\sigma = f(\varepsilon) \tag{7-12}$$

$f(\varepsilon)$ 这里选用指数形式来对其加以描述，即

$$f(\varepsilon) = a \cdot \exp(b \cdot \varepsilon) + c \cdot \exp(d \cdot \varepsilon) \tag{7-13}$$

应用 MATLAB 软件对各组模拟数据进行拟合，可以得到不同体积分数下的应力-应变关系式。显然，上述表达式中的拟合参数 (a, b, c, d) 越多，则拟合效果就越好，但也会相应地增加计算过程的复杂度。所以，拟合过程中，既要保证精度又要尽量地减少参数数量。根据图中的结果可见，当取表 7-4 的参数时，已达到很好的拟合度，得到的形状函数如图 7-21 中实线所示，其中拟合参数的具体值及拟合情况见表 7-5。

这样就得到了不同体积分数下双连续相复合材料的应力应变关系的表达式为：

$$\sigma = a \cdot \exp(b \cdot \varepsilon) + c \cdot \exp(d \cdot \varepsilon) \tag{7-14}$$

表 7-5　形状函数 $f(\varepsilon)$ 中的系数

体积分数 /%	系数				拟合度		
	a	b	c	d	方差	决定系数	标准差
12	57.94	0.05321	−20.39	−0.7379	3.698	0.9985	0.9616
17	69.24	0.08778	−27.3	−0.6745	9.186	0.9988	0.8749
23	84.33	0.1246	−26.95	−0.7662	18.64	0.9975	2.159
30	85.93	0.2192	−8.743	−1.301	24.05	0.9988	1.311
37	50.83	0.03801	−17.82	−0.72	4.332	0.998	0.8497

R-square 为决定系数，它的数值在 0 到 1 之间，越接近 1，表明方程中的变量 a、b、c、d 对应力的解释能力越强。从表 7-5 中数据可以看出，五组数据的决定值均大于 0.99，这表

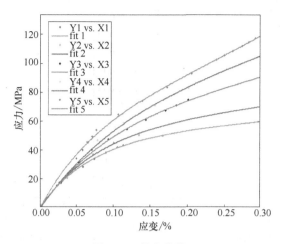

图 7-21　拟合曲线

明拟合数据与模拟数据符合较好。

对表 7-5 中不同体积分数下的参数 a、b、c、d 值再进行拟合（图 7-22），可分别得到与体积分数相关的 a、b、c、d 的表达式：

$$a=72.17+17.26\cos(2.2x)+5.94\sin(2.2x) \tag{7-15}$$

$$b=-0.09x^3-0.06x^2+0.14x+0.16 \tag{7-16}$$

$$c=-19.9-3.47\cos(2.45x)+9.93\sin(2.45x) \tag{7-17}$$

$$d=0.44x^3+0.06x^2-0.69x-0.94 \tag{7-18}$$

拟合曲线的相关系数 R-square 分别为 0.9123、0.9359、0.9496、0.9088。说明总体上拟合曲线可以反映模拟数据特征，拟合数据可信度高。将式（7-15）、式（7-16）、式（7-17）和式（7-18）代入式（7-14）中，可以得到双连续相复合材料受压缩载荷时，与体积分数有关的本构方程：

$$\sigma=[72.17+17.26\cos(2.2x)+5.94\sin(2.2x)] \cdot \exp[(-0.09x^3-0.06x^2+0.14x+0.16) \cdot \varepsilon]+$$
$$[-19.9-3.47\cos(2.45x)+9.93\sin(2.45x)] \cdot \exp[(0.44x^3+0.06x^2-0.69x-0.94) \cdot \varepsilon] \tag{7-19}$$

7.2.1.4　界面形貌对复合材料的影响

（1）界面粗化对复合材料力学性能的影响

由于 SiC/Al 双连续相复合材料的界面结合类型为机械结合，因此界面处的表面积对界面有着重大的影响。对复合材料增强体进行表面改性如表面粗化可以增加碳化硅的表面积，从而加强增强体和基体间界面的机械结合程度。所以，在数值模拟计算时，在 SiC 陶瓷增强体同铝基体的接触面上设置四种不同摩擦系数，摩擦系数的数值分别为 0.05、0.10、0.15、0.20。对比模拟结果，分析泡沫筋表面粗化对复合材料的力学性能的影响。

泡沫筋被粗化后，在表面会形成犬牙交错结构，这种结构会有力地咬合住金属基体，有效改善了界面结合强度，从而提高材料力学性能。根据模拟结果可以看出，虽然材料基本参数、内部结构及成分含量等条件都相同，但是由于泡沫筋表面粗化程度不同，产生的应力大小却不相同，材料被破坏发生的时间也不相同。摩擦系数为 0.05，压缩时间为 10s 时压缩过程全部结束，材料仍未发生破坏，但是复合材料的抗变形能力很差，其他几种摩擦系数的材料受压缩时破坏时间分别为 4.4471s、4.9153s、3.4452s。

本文按照脆性材料的抗压强度准则来定义双连续相复合材料的抗压性能和抗弯性能，即

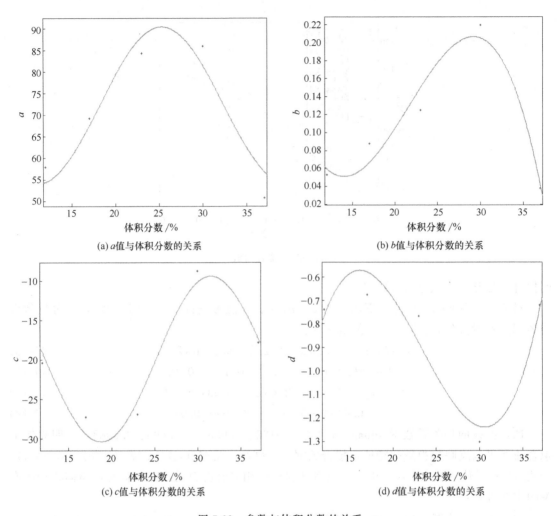

(a) a 值与体积分数的关系

(b) b 值与体积分数的关系

(c) c 值与体积分数的关系

(d) d 值与体积分数的关系

图 7-22　参数与体积分数的关系

为对复合材料施加载荷致使增强体被破坏时的最大压缩应力和最大弯曲应力，弯曲变形模拟的示意图如图 7-23 所示。不同的表面摩擦系数对应的抗压强度和弯曲强度如表 7-6 所示。从数值对比的结果可知，随着碳化硅泡沫筋表面粗化程度增加，界面摩擦系数增加，复合材料弯曲强度增强，抗压性能具有最大值，其中摩擦系数为 0.20 的复合材料的弯曲强度比摩擦系数为 0.05 的复合材料高 6 倍。

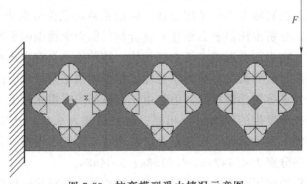

图 7-23　抗弯模型受力情况示意图

（2）界面粗化对金属变形流动行为的影响

本文以筋表面与金属接触面间摩擦系数为 0.05 的双连续相复合材料为研究对象，观察其内部金属流动情况。充分运用有限元数值模拟的优点，有效描述出各阶段的金属变形流动情况，金属流动情况如图 7-24、图 7-25 所示。

同种颜色的区域表示此处节点 Y 向-位移量接近，从 Y 向-位移等值线分布情况及颜色的区别可以看到，金属变形流动在不同位置处存在很大的差异，变形的总体趋势为摩擦阻力越小，金属基体越容易变形。复合材料中的金属基体受筋表面摩擦阻力的作用，靠近接触面处的金属的流动较其他部位有明显的滞后现象。

表 7-6　双连续相复合材料的压缩强度和弯曲强度

摩擦系数	0.05	0.10	0.15	0.20
最大压缩应力/MPa	55.27	61.89	66.70	63.26
最大弯曲应力/MPa	150	174	899	951

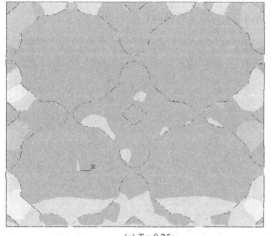

(a) $T = 0.25$s

（位移量：最大值为 0.692×10^{-5}，最小值为 0.541×10^{-5}）

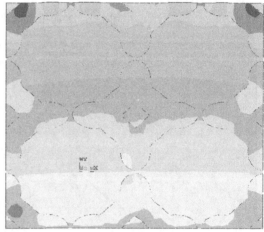

(b) $T = 2.053$s

（位移量：最大值为 0.185×10^{-4}，最小值为 0.495×10^{-5}）

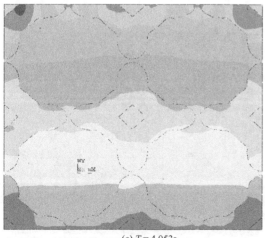

(c) $T = 4.053$s

（位移量：最大值为 0.362×10^{-4}，最小值为 0.359×10^{-5}）

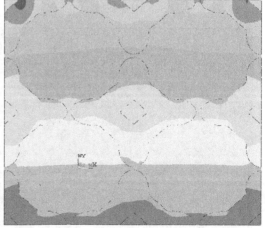

(d) $T = 6.053$s

（位移量：最大值为 0.540×10^{-4}，最小值为 0.310×10^{-5}）

图 7-24

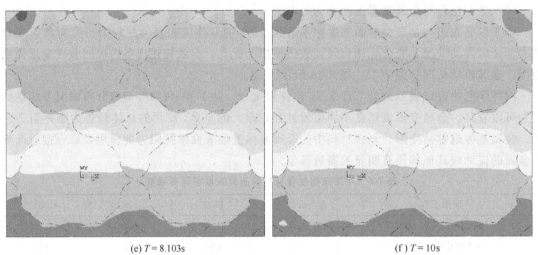

(e) $T = 8.103\mathrm{s}$

(位移量：最大值为 0.723×10^{-4}，最小值为 0.323×10^{-5})

(f) $T = 10\mathrm{s}$

(位移量：最大值为 0.894×10^{-4}，最小值为 0.323×10^{-5})

图 7-24　Y 向-位移等值线图 (1/4 边长处截面)

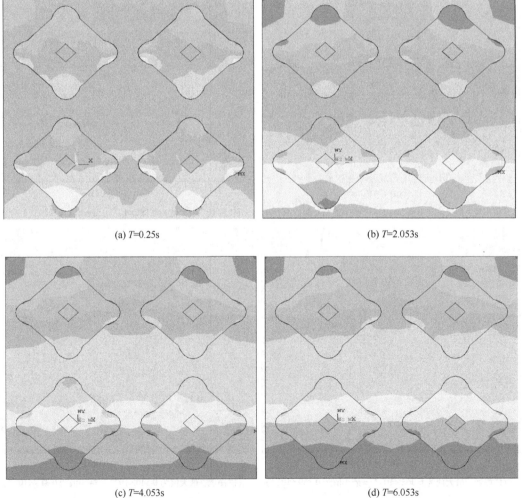

(a) $T=0.25\mathrm{s}$

(b) $T=2.053\mathrm{s}$

(c) $T=4.053\mathrm{s}$

(d) $T=6.053\mathrm{s}$

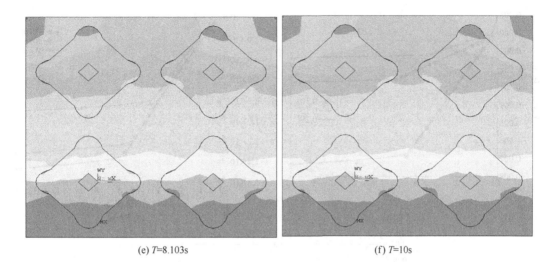

(e) T=8.103s　　　　　　　　　　　　　　　(f) T=10s

图 7-25　Y向-位移等值线图（1/2边长处截面）

从图 7-22 和图 7-23 可以知道，在变形初期 T＝0.25s 时刻，金属流动主要集中在两个部位：一是模型顶部的金属在压缩过程中向底部流动，即平行于载荷方向流动，位于顶层和中部的金属位移量基本一致；二是底层少部分金属受碳化硅泡沫结构的影响从泡沫孔挤入。在 T＝2.053s 时刻，位移等值线明显增加，变形不同的区域增多，从 1/4 边长处截面可以看到，上层泡沫孔内部的金属被反挤压，远离接触面处的金属流动速度更高。与正挤压的挤压力相比，反挤压力要小很多；从 1/2 边长处截面可知，位于模型底部的金属绕过底层泡沫筋流动。T＝4.053s 时刻，部分金属因达到屈服强度而发生塑性变形。在复合材料发生塑性变形以后，随着时间增加，材料中等值线分布形式基本无太大区别，变形流动均匀，各节点位移量值逐渐增大，但增大幅度减小。

从压缩开始，模型顶面受挤压，依据最小阻力定律，金属一定会向阻力小的方向流动，因此，有限元模型的节点会随着复合材料基体一起流动，观察典型节点的坐标位置变化，可以清晰地了解金属基体的流动行为。

在复合材料的机械结合界面上，界面的粗糙程度会影响基体和增强体之间的界面摩擦系数，进而会影响到变形过程中增强体对基体变形的约束作用。根据模拟计算结果，在不同界面摩擦系数的模型中，跟踪变形前具有相同位置的节点（节点 2103）变形过程的运动轨迹，研究节点的位移变化。该节点所在的位置处于靠近界面处，它在 X、Y 和 Z 三个方向上的位移增量分别显示在图 7-26 中。从图中可以看出，在变形过程中，随着界面摩擦系数增大，复合材料界面对金属基体流动的摩擦阻碍增大，节点的位移量较小。另外，从节点坐标来看，碳化硅泡沫虽为脆性材料，但受压也会产生轻微变形，这种变形会推动金属基体在 X 方向和 Z 方向有很大的延伸，且摩擦系数越小，延伸越明显。整个压缩过程完成时间均为 10s，可以看出位移量越大，平均流动速度也越大。因此，界面摩擦系数越大，界面接触面越粗糙，增强体对基体的约束作用越强，金属基体的塑性流动速度越小，材料的抗变形能力增强。

7.2.1.5　压缩速度的影响

双连续相复合材料的力学行为除了受本身内在的结构因素影响外，还与其他外在因素（环境、温度、加载速度等等）有关。本文首先假设温度和外界环境保持恒定，研究加载速度的影响，研究模拟结果如图 7-27 所示。从图中可以看出，该图为不同压缩速度下，单个

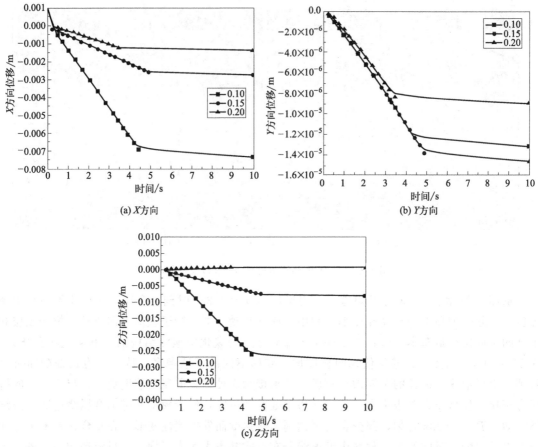

图 7-26 不同界面摩擦系数下的位移量-时间曲线

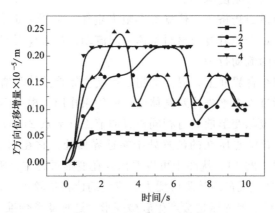

图 7-27 Y 向位移增量-时间曲线

（压缩速度：1—1.05×10⁻⁶m/s，2—2.11×10⁻⁶m/s，3—3.20×10⁻⁶m/s，4—4.28×10⁻⁶m/s）

节点的 Y 向位移增量随时间的变化。曲线 1、2、3、4 分别对应于不同的压缩速度 1.05× 10⁻⁶m/s、2.11×10⁻⁶m/s、3.20×10⁻⁶m/s、4.28×10⁻⁶m/s，节点位置位于碳化硅增强体上，在变形开始阶段，Y 向位移变化量均随着时间的增大而急剧增加，增加至一定值后趋于平稳，此时四条曲线出现两种变化趋势，曲线 1 和 4 虽然都呈现随着时间的推移位移增量不变的趋势，但是曲线 1 中速度最小，碳化硅属脆性材料，网络结构可发生微量变形，这种低速状态不足以使材料产生破坏，而曲线 4 中速度最大，当压缩至时刻为 7s 时，复合材料被破坏。曲线 2、3 的速度介于最大速度与最小速度之间，线型呈波状，说明此速度范围内，模型变形越来越困难，材料表现了很高的变形抗力，且速度越大，波峰出现得越早，位移增量数值越大。

根据图 7-28 压缩速度-应力曲线可知，随着压缩速度增大，复合材料的应力急剧增大，当速度达到 3.3×10^{-6} m/s 左右时，复合材料已经被破坏，因此，过高的压缩速度会导致材料提前失效。通常，材料的强度是指在静态压缩时（压缩速度缓慢且平稳）材料所表现出的强度。压缩速度越快，材料静态应力值还没达到材料强度时，材料越容易破坏失效。材料中的位错滑移、塑性变形等都是需要时间进行的，更高的应变速率导致位错来不及滑移，材料则会显示出一定的脆硬倾向。另外，如果压缩速度过高，使材料的应力突然加大，这样就会进一步加快材料失效。而且，模拟的模型为理想状态模型，假设 SiC 骨架致密而均匀，且不存在缺陷，但是在实际制备复合材料的过程中几乎不能获得这种理想形态，一旦材料内部存在微小缺陷，这种快速的压力作用就会加剧复合材料的破坏速度。

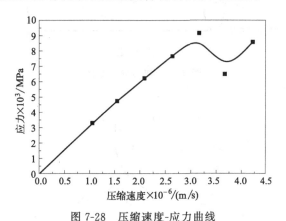

图 7-28　压缩速度-应力曲线

7.2.2　双连续相复合材料的热物理性能

数值传热学是 20 世纪 70 年代新兴的一个分支，它建立在人类对传热过程物理特性的深入了解基础上，对解决传热的实际问题发挥了重要作用。目前，随着计算机的高速发展，数值传热学也得到了蓬勃的发展，成为处理工程问题的一种有效手段。

7.2.2.1　传热的基本方式

传热的三种基本方式为热传导、对流换热及热辐射。

（1）热传导

物体本身的各个部分不发生转移，是依靠内部微观粒子热运动互相撞击，使热量从温度较高的部分传递到温度较低的部分，这种现象为热传导。热传导的必要条件是物体内部存在温度梯度，物体内的温度分布决定了导热速率。经过数值计算得到的温度场，是某个瞬间物体内部各点温度分布情况的总和。热量在固体中传递时，即为能量的转移，高温部分分子振动动能较大，低温部分的动能较小，物体内部的分子相互关联，会引起动能从大的部分传递到小的部分。液体或气体的热传导稍有不同，在流动的状态下除热传导之外还会伴随着对流的发生。热传导示意图如图 7-29 所示。

1822 年，法国物理学家傅里叶建立了导热的基本定律，即 Fourier 定律。

$$\Phi = -\lambda A \frac{\mathrm{d}T}{\mathrm{d}x} \qquad (7\text{-}20)$$

式中，A 为同热流方向垂直的面积；$\mathrm{d}T/\mathrm{d}x$ 为沿热流方向上的温度梯度。

（2）对流换热

由于温度和相对运动的差异，流体与同它接触的物体表面之间存在热量传输的现象为对流换热。对流换热的影响因素为膨胀系数、比热容、热导率、黏度、密度等等。对流换热需要两个条件：①存在直接接触和宏观运动；②存在温度差。它的传热机理为黏滞力使流体在接触壁上流动速度为零，随着与接触壁的距离增大，速度也逐渐变化。通过流体的分子作用使热量扩散，同时流体也会将热量带到下游。它的主要特点为热对流和热传导同时存在，而且整个过程不会发生热量形式的转化，对流换热示意图如图7-30所示。

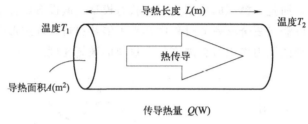

图 7-29　热传导示意图

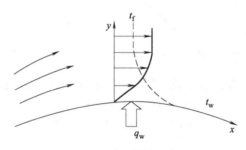

图 7-30　对流换热示意图

1701 年，英国科学家牛顿提出了对流换热的基本定律，即牛顿冷却定律。

物体被加热时，

$$\Phi = hA(T_w - T_f) \qquad (7\text{-}21)$$

物体被冷却时，

$$\Phi = hA(T_f - T_w) \qquad (7\text{-}22)$$

式中，A 为物体进行对流换热的表面积。

（3）热辐射

热辐射是指物体向外发射的电磁能被其他物体吸收而转化为热能的过程。它不需要任何介质，可以直接将热量从一个物体传到另一个物体，且真空中辐射效率更高。随温度升高，单位时间热辐射的能量增多。影响热辐射的主要因素有表面积、黑度、温度等等。热辐射遵循四条基本定律：斯特藩-玻耳兹曼定律、基尔霍夫辐射定律、维恩位移定律和普朗克辐射分布定律。热辐射的特点为一切物体只要温度达到 0 K 以上，就将会不断地向周围空间发射热辐射；具有很强的方向性；热辐射会伴随着能量形式的转换；发射辐射由温度的 4 次方决定。辐射能的反射、穿透和吸收示意图如图7-31所示。

① 斯特藩-玻耳兹曼定律（Stefan-Boltzmann 定律）。1879 年，奥地利科学家斯特藩（Stefan）实验研究单位时间内黑体表面发射的热辐射能。后由玻耳兹曼（Boltzmann）于 1884 年通过热力学理论得到。描述表面温度的变化对黑体辐射能力的影响情况。

$$\varPhi = \xi A T^4 \tag{7-23}$$

式中，A 为辐射表面积。

② 基尔霍夫辐射定律。1859 年，德国物理学家基尔霍夫提出了此定律。定律的内容为在一定的温度和一定波长下，所有物体的单色辐射出射度与吸收比的比值相同，并且等于理想黑体的比辐射率。

③ 维恩位移定律。1893 年，德国物理学家维恩结合热力学、光学、电磁学和光谱学等理论发现了维恩位移定律，该定律描述了随温度的改变波长的变化规律。

$$\lambda_m T = b \tag{7-24}$$

④ 普朗克辐射分布定律。1900 年，德国物理学家普朗克在他的报告《论维恩光谱方程的完善》中，第一次提出黑体辐射公式。该规律描述了波长及温度的变化对黑体光谱辐射力的影响。

$$E_{b\lambda} = \frac{c_1 \lambda^{-5}}{e^{c_2/(\lambda T)} - 1} \tag{7-25}$$

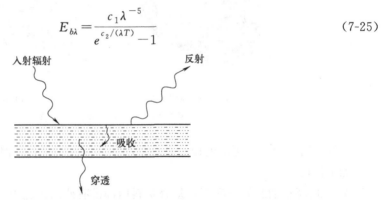

图 7-31 辐射能的反射、穿透和吸收

7.2.2.2 热分析关键问题

由于材料或者制件常常会遇到高温环境，而温度的差异会引起材料性能的变化，因此，在进行材料结构分析的过程中要将温度作为一个主要的考虑因素。双连续相复合材料的热分析在数值模拟的过程中，需要对模型施加特殊的耦合场载荷，ANSYS 有限元分析软件中可提供两种耦合方法，即间接耦合法和直接耦合法，由于间接耦合法采用手工方法进行间接耦合，而不必采用复杂的物理环境方法耦合，热-应力分析相对简单，本文选用间接耦合的方式进行热-结构耦合分析，这种方法包括两个分析步骤，即首先对模型进行热分析得到温度场，再将节点温度结果作为载荷加载到结构分析中，求解温度对模型的一些物理量（位移量、应力、应变等）的影响，其耦合流程如图 7-32 所示。

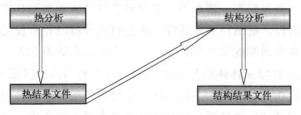

图 7-32 热-应力间接耦合法流程图

7.2.2.3 热-结构耦合分析

为了分析热载荷对双连续相复合材料的影响，研究以传统的 SiC_p/Al 复合材料作为参照材料，并建立了其结构模型，如图 7-33 所示，假设碳化硅颗粒为球形分布在基体内部，颗粒增强复合材料单胞模型半剖图如图 7-33（a）所示。为了使仿真更接近实际情况，碳化硅颗粒之间的间距不同。其多胞模型是通过复制获得，为了使其接近实际工况，假设每个颗粒之间的间距不一样 [图 7-33（b）]。其体积分数计算如式（7-26）所示。

$$P = \frac{4}{3}\pi n \left(\frac{R}{L}\right)^3 \tag{7-26}$$

式中，R 为颗粒半径；n 为颗粒数；L 为基体尺寸。

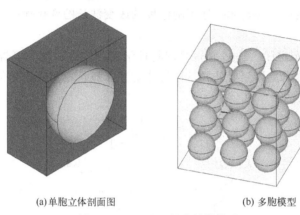

(a) 单胞立体剖面图   (b) 多胞模型

图 7-33 SiC_p/Al 复合材料模型

在计算时，为了尽可能地使仿真环境和实际情况相符合，但为了简化问题，对有限元模型作如下假设：

① 在所考虑的起始温度下，复合材料内部没有残余内应力。

② 各组分材料的变形程度相同——协调变形。

③ 温度变化时，复合材料内部的裂纹和空隙的数量和大小不发生变化。

④ $SiC_{泡沫}$/Al 复合材料的增强体与基体之间界面结合类型为机械结合，界面中除了基体和增强体之外，没有产生其他物质。

⑤ 在设置增强体与基体之间的接触时，基体与增强体之间的摩擦系数不会随温度升高而变化。

⑥ 材料各向同性，在进行热-结构耦合过程中，模型只受压缩载荷。

⑦ 动能全部转化为热能，散热过程只考虑热传导。

（1）摩擦制动系统

盘式制动器（图 7-34）具有散热性、热稳定性和水稳定性好等特点普遍用于高速重载的制动条件，如飞机、高速列车、轿车等。这就要求制动盘和闸瓦具有较高的强度、稳定的摩擦性能、较高的耐磨性、耐热性和导热性。在进行热分析时，假设动能全部转化为热能分布在闸瓦周围，制动盘表面温度最高可达 523℃，其换热系数为 25W/(m^2 · K)，模型的初始温度为 28℃。通过计算增强体体积分数为 27% 的复合材料得到其温度随时间变化的曲线，得出 $SiC_{泡沫}$/Al 双连续相复合材料和 SiC_p/Al 复合材料的导热情况。为了更清楚地看到温度分布情况，选择单胞模型进行热分析。复合材料的温度随时间变化见表 7-7。

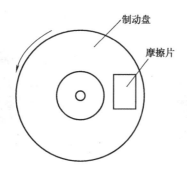

图 7-34　盘式制动器简图

表 7-7　闸瓦温度

时间/s	0	5	10	20	30	40	50
SiC泡沫/Al　温度/℃	28	30.1603	31.8883	34.4019	36.362	37.9772	39.3654
SiC$_p$/Al　温度/℃	28	30.1009	31.8093	34.3357	36.323	37.9664	39.3792
时间/s	60	70	80	90	100	110	120
SiC泡沫/Al　温度/℃	40.5967	41.7141	42.7452	43.7081	44.6158	45.4772	46.2992
SiC$_p$/Al　温度/℃	40.6301	41.7621	42.8033	43.7726	44.6831	45.5446	46.3642

从表 7-7 和图 7-35 中可以看出，SiC泡沫/Al 双连续相复合材料温度升高的速度比 SiC$_p$/Al 复合材料的大，但是相差不大；两种复合材料的温度分布情况都是中间最低，而双连续相复合材料热量传递较快，热稳定性好；时间达到 120s 时，最高温度都低于 50℃，均远远低于闸片安全工作温度 370℃，说明两种材料作为闸瓦时，从热学方面考虑时均可靠及安全，且双连续相复合材料比颗粒增强复合材料闸瓦的温度均匀性更好。

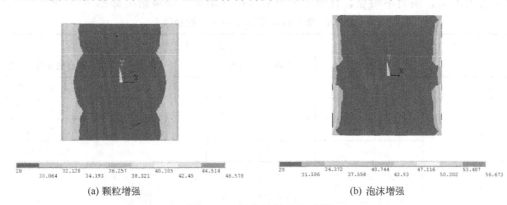

(a) 颗粒增强　　　　　　　　　　　　　　(b) 泡沫增强

图 7-35　复合材料温度云图

为了了解复合材料中具体的温度分布，可以单独显示增强体和基体各自温度分布。先对复合材料进行热分析，然后把基体和增强体分开显示。图 7-36 分别是基体和增强体的温度分布云图，从图中可以看出增强体最高温度为 51.471℃，而基体最高温度为 56.673℃，两者温度有差别，但相差不大。这是因为基体铝的热导率比增强体碳化硅大，相同时间内同一位置获得的热量多，因此铝基体的温度稍高。另外，由于双连续相复合材料中泡沫筋和铝基体相互缠绕，热量不能单向传导，基体和增强体的导热能力相互补充，降低了增强体和基体的温差，增加了复合材料温度均匀性。

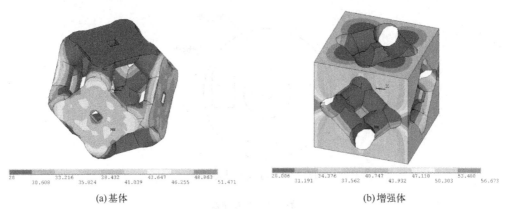

| (a)基体 | (b)增强体 |

图 7-36　温度云图

（2）电子封装热沉

电子封装热沉材料有陶瓷基复合材料、塑料基复合材料、金属基复合材料。其中金属基复合材料具有导热性能良好、热膨胀系数和芯片接近等优异性能。但是，随着电子器件高密集化、小型化，对封装材料的要求越来越高，传统的颗粒增强金属基复合材料难以满足大功率封装的散热要求，因此有必要开发散热能力强的复合材料，双连续相金属基复合材料由于各相三维空间的连续性，界面热阻小，在大功率电子封装领域具有广阔的应用前景。

不考虑对流换热，仅考虑热传导。以复合材料的三个连续单胞作为热分析模型，单元选用节点六面体单元 SOLID70，热物理特性参数设置：碳化硅热导率为 15W/(m·K)，铝基体热导率为 67.9W/(m·K)，其他随温度变化的基本参数如表 7-8 所示。温度边界条件按如下设置，即在模型左右两个端面边界分别施加固定温度 $T_1=0℃$、$T_2=100℃$。由于施加的固定温度不高，辐射不明显，且暂不考虑对流换热影响。加载情况如图 7-37 所示。

表 7-8　碳化硅和铝的热物理特性参数

材料	参　数			
	温度/℃	弹性模量/GPa	泊松比	热膨胀系数/(1/℃)
碳化硅	0~100	450.0	0.17	$4.70×10^{-6}$
铝	20	71.7	0.33	$23.33×10^{-6}$
	50	70.6		$23.68×10^{-6}$
	100	68.1		$23.75×10^{-6}$

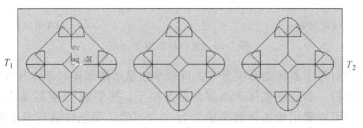

图 7-37　加载情况示意图

经过求解得到的结果如图 7-38 所示。从复合材料温度分布云图来看，虽然温度总体变化趋势呈一维分布，但是由于两种组元的热导率不同，碳化硅增强体的热导率低于铝基体，所以，热量传递明显滞后，导致增强体区域温度等值线不同。另外，增强体的结构也影响了热量传输，组成增强体的几条筋与热量传输方向呈 45°角。根据与热量传输方向平行的泡沫筋热传导的速度较快的特点，可以推断 45°角方位可分解为垂直和平行两个方向，垂直方向热量传输能力较弱，所以泡沫筋表面上的等值线会向泡沫中心方向弯曲。

根据傅里叶定律［式（7-14）］求解物体导热热流量，它指出热流量与材料的导热性能、导热面积及温度梯度有关。结合图 7-38 模型整体热流量分布云图可知，碳化硅增强体的热流量分布较稳定且非常低，各节点热流量保持在 13572W 左右，数值在小范围内变动。增强体单胞相连，中间靠金属填充，图中红色区域因温度梯度（沿热流传输方向上）较大，而使得金属基体热流量的数值较增强体区域高出几百倍。

（3）考虑对流换热

采用与上述同样的模拟方法，加入对流换热，空气的对流换热系数为 2.5BTU/(h·ft²·℉)。计算后得到的结果与不考虑对流换热的情况进行对比。选取模型内任意节点发现仅为热传导作用和热传导加对流换热共同作用两种情况下不同时刻的温度变化相同，无论是否考虑对流换热，温度分布均与图 7-38 中的等值线数值和位置一致，说明对流换热不会影响结构温度变化。

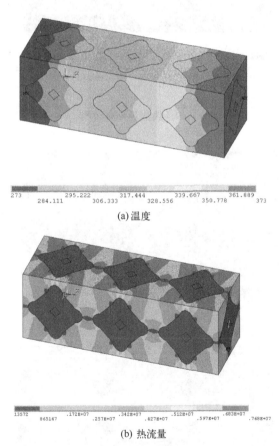

$$273 \quad 295.222 \quad 317.444 \quad 339.667 \quad 361.889$$
$$284.111 \quad 306.333 \quad 328.556 \quad 350.778 \quad 373$$

(a) 温度

$$13572 \quad .172E+07 \quad .342E+07 \quad .512E+07 \quad .683E+07$$
$$865147 \quad .257E+07 \quad .427E+07 \quad .597E+07 \quad .768E+07$$

(b) 热流量

图 7-38　分布云图

截取模型的 $Z=0$，X-O-Y 截面，观察此截面的热流量和热梯度变化，对比结果列于图7-39、图 7-40 和图 7-41 所示。图 7-39（a）、图 7-40（a）为无对流换热作用，图 7-39（b）、图 7-40（b）存在对流换热作用。经过分析发现，存在对流的情况下最终得到的最大热流

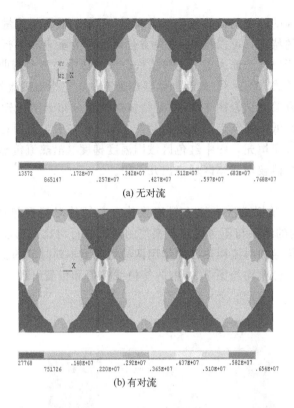

(a) 无对流

(b) 有对流

图 7-39　热流量分布云图

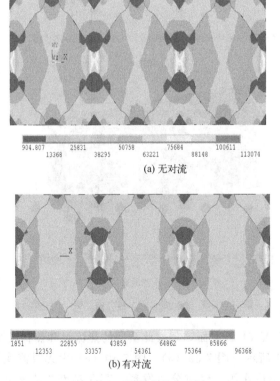

(a) 无对流

(b) 有对流

图 7-40　热梯度分布云图

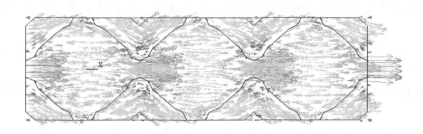

图 7-41　热梯度矢量图

量和最大热梯度的数值略小于无对流数值，在单位时间内对流换热方式通过模型所传递的热量较小。两种情况热梯度矢量图一致，箭头指向为温度变化方向。所以，在模拟计算所设置的温度条件下，对流换热对影响模型温度分布的贡献较小，因此热-结构耦合分析中不考虑对流换热。

　　将热传导模拟计算结果作为结构计算的载荷，ANSYS 会自动将用于热分析的单元转化为与之对应的结构单元。在模拟计算时，除施加温度载荷外，在模型表面施加所有方向的位移约束。从图 7-42 截面处的应力等值云图可以看到，由于金属基体的热膨胀系数较大，膨胀受增强体泡沫筋束缚，在界面附近存在较大的热应力，且越靠近界面热应力越大。双连续相复合材料模型产生热应力的原因主要有三个方面：

(a) 整体

(b) 截面

图 7-42　Von Mises 应力云图

　　① 由于材料受高温作用，高温部分的单元产生热膨胀，而低温部分却对膨胀起阻碍作用，导致模型整体因温差而产生变形，变形的总体趋势为高温部分发生外凸变形，变形会受

其他单元约束而产生热应力。热应力的大小由温差决定，温差较大的位置会产生较大的热应力。

② 除受内在低温单元约束，还有模型表面外在的位移约束，使得材料不能够完成完全膨胀而产生热应力。

③ 复合材料中基体和增强体的热膨胀系数不同，两种组元会因膨胀互相挤压，且膨胀程度不同。

图 7-43 为复合材料第一主应力云图，图中数值正值表示拉应力，负值表示压应力。模型主要受到挤压应力作用，整个模型中最大应力出现在节点 3428，值为 741MPa，此处节点附近为材料破坏的危险区域（图中标注的最大值处），此时碳化硅泡沫增强体的部分单元已发生严重变形。

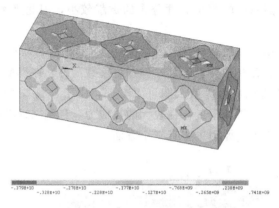

-.379E+10   -.278E+10   -.177E+10   -.768E+09   .238E+09
    -.328E+10   -.228E+10   -.127E+10   -.265E+09   .741E+09

图 7-43 第一主应力等值云图

图 7-44 为选取模型底面一条棱边上的所有节点为研究对象的应力分布，由图可知，在此棱边上，热应力沿 X 向分布情况与复合材料的结构和温度变化有关，曲线波峰区域是远离界面处的金属基体部位，离复合材料界面越近，热应力越小；沿着 X 正向温度逐渐升高，应力逐渐增大。

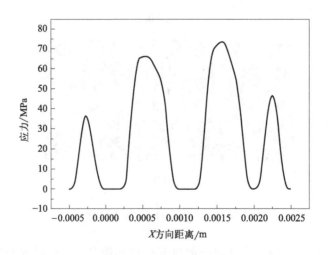

图 7-44 沿 OX 方向应力分布

7.3　本章小结

① 增强体体积分数相同时，双连续相复合材料和颗粒增强复合材料的增强效果有很大差别，双连续相复合材料有更好的压缩性能。

② 随着体积分数增大，复合材料的强度增加。获得了双连续相复合材料指数形式的压缩本构关系，拟合效果良好。

③ 泡沫筋表面越粗糙，复合材料的界面结合越强，界面附近的金属基体受约束越强，复合材料的抗压和弯曲强度越大。

④ 增强体与基体的网络互穿结构，增加了增强体对基体的约束能力，减少了界面热阻，提高了复合材料的导热能力，降低了膨胀系数。

参 考 文 献

[1] 吴人洁. 复合材料 [M]. 天津：天津大学出版社，2000.

[2] 郝元恺，肖加余. 高性能复合材料学 [M]. 北京：化学工业出版社，2004.

[3] 杜之明，费岩晗，孙永根，等. 陶瓷-金属双连续相复合材料的发展现状与未来 [J]. 复合材料学报，2021，38 (2)：315-338.

[4] 赵龙志. 新型 $SiC_{泡沫}$/Al 双连续相复合材料的研究 [D]. 沈阳：中国科学院金属研究所，2006.

[5] 李娜. $SiC_{泡沫}$/Al 双连续相复合材料性能的数值模拟 [D]. 南昌：华东交通大学，2011.

[6] D. J. Lloyd. Particle reinforced aluminum and magnesium matrix composites [J]. International Materials Reviews，1994，39 (1)：1-23.

[7] L. Z. Zhao，M. J. Zhao，X. M. Cao，et al. Thermal expansion of a novel hybrid SiC foam-SiC particles-Al composites [J]. Composites Science and Technology，2007，67 (15-16)：3404-3408.

[8] W. Zhou，W. Hu，D. Zhang. Study on the making of metal-matrix interpenetrating phase composites [J]. Scripta Materialia，1998，39 (12)：1743-1748.

[9] 赵龙志，曹小明，田冲，等. 新型复式连通 SiC/390Al 复合材料的研究 [J]. 材料研究学报，2005，19 (5)：485-491.

[10] Y. L. Shen，A. Needleman，S. Suresh. Coefficients of thermal expansion of metal-matrix composites for electronic packaging [J]. Metallurgical and Materials Transactions，1994，25A：839-850.

[11] 赵龙志，曹小明，田冲，等. 挤压铸造 SiC/ZL109 铝合金双连续相复合材料的凝固组织 [J]. 金属学报，2006，42 (3)：325-330.

[12] 赵龙志，曹小明，田冲，等. 骨架表面改性对 SiC/Al 双连续相复合材料性能的影响 [J]. 材料研究学报，2005，19 (5)：512-518.

[13] 赵龙志，曹小明，田冲，等. 浇注温度对 $SiC_{泡沫}$/SiC_p/Al 混合复合材料力学性能的影响 [J]. 金属学报，2006，42 (1)：103-108.

[14] 赵龙志，方志刚，曹小明，等. 骨架结构对 SiC/Al 双连续相复合材料的影响 [J]. 中国有色金属学报，2006，16 (6)：945-950.

[15] 赵龙志，曹小明，田冲，等. T6 热处理对 SiC/Al 双连续相复合材料的力学性能的影响 [J]. 材料研究学报，2007，21 (1)：57-61.

[16] 赵龙志，曹小明，田冲，等. 界面过渡层对 SiC/Al 双连续相复合材料的影响 [J]. 材料工程，2006，s1：55-61.

[17] L. Z. Zhao，M. J. Zhao，X. M. Cao，et al. Mechanical properties and fractograph of SiC foam-SiC particles-Al composites [J]. Transactions of Nonferrous Metals Society of China，2007，17：s644-s648.

[18] 赵龙志，何向明，赵明娟，等. SiC 泡沫陶瓷/SiC_p/Al 混杂复合材料的导热性能 [J]. 材料工程，2008，1：6-10.

[19] L. Z. Zhao，M. J. Zhao，X. M. Cao，et al. Mechanical behavior of SiC foam-SiC particles/Al hybrid composites [J]. Transactions. Nonferrous Metals Society of China，2009，19：s547-s551.

[20] L. Z. Zhao，N. Li，X. L. Zhang，et al. Strain analysis for ceramic foam as filtering material under impact load [C]. 2010 International conference on mechanic automation and control engineering，2010.6，Wu Han，China，3438-3441.

[21] 赵龙志，赵明娟. SiC_{foam}/Al 双连续相复合材料的压缩行为 [J]. 材料热处理学报，2014，35 (4)：24-28.

[22] M. J. Zhao，N. Li，L. Z. Zhao，et al. Numerical siumlation on mechanical properties of SiC/Al

co-continuous composites [J]. Advanced Materials Research，2011，213：186-190.

[23] 曹小明，金鹏，徐奕辰，等. 碳化硅泡沫陶瓷/铝双连续相复合材料结构特征及增强机制 [J]. 复合材料学报，2022，39（4）：1771-1777.

[24] 汪彦博. SiC 泡沫陶瓷/铝基复合材料界面结合及耐磨性研究 [D]. 哈尔滨：哈尔滨工业大学，2019.